知的生きかた文庫

読むだけで
突然頭がよくなる算数の本

高濱正伸

三笠書房

はじめに

この本の「27ページ」をめくるあたりから、あなたの「頭の回転」は速くなっています！

この本は、読むだけで「頭をよくする」本です。

ポイントは算数。

本書の算数の問題を読み、考え、答えを出すだけで、頭がよくなる。算数にはそれだけの力があるのです。

実際、本書の問題を解いていると、**「見えた！」**と感じる瞬間があるはずです。

これが私の言う**「突然、頭がよくなる瞬間」**です。

では、このような場合、何が「見えた！」のでしょうか？

たとえば、図形問題。問題文には描かれていない「一本の補助線」が図形の中に見えた、といった例が典型です。これは言い換えれば、「この線に気づきますか？」という作者の意図が「見えた」ということではないでしょうか？

つまり、「相手の言いたいこと」という「見えないもの」が見えたということです。人の話を聞くとき、文章を読むとき**「相手の言いたいことは何だろう？」**という点に集中する。これは、頭のいいコミュニケーションの基本であり、あらゆる場面で役立ちます。

では、そもそも「頭がよい」とは、どういうことでしょうか？

私はかつて『小3までに育てたい算数脳』（健康ジャーナル社）という本で、「頭がよい」ということの意味を、大きく2つに分けて説明しました。

「頭がよい」ことの第一は、**「見える力」**。

これは、言い換えればイメージ力。たとえば、立体の裏側や断面図を容易に想像できる「空間認識力」。今そこに描かれていない補助線が見える「図形センス」。図や絵を描いて視覚化しながら答えに近づいていく「試行錯誤力」。問題を解くカギがパッと見える「発見力」。この4つが「見える力」です。

「頭がよい」ことの第二は、**「詰める力」**。

これも4つに分かれています。三段論法に象徴される「論理力」。自分に「何が求められているか」を把握し、一文で言い切る「要約力」。出題文の一語一語にまで集中して読み切る「精読力」。最後の最後まで、問題をやり遂げる「意志力」。これらが「詰める力」です。要は、これらが集まって「頭がよくなる」のです。

この本は、まさにこのような力を、パズルを読み解く中で楽しく伸ばす本です。「どちらかと言うと算数や数学は苦手だった」というような方でも楽しめるように、基礎的な問題をたくさん集めました。それでも、錆《さ》びついた大人の脳には、難しく感じられることがあるかもしれません。

しかし、この本を読み終えるころには、**「何だか考えることがおもしろくなってきた！」**と感じていただけると信じています。そして、それは、普段の仕事や生活に直接、役立つはずです。カンの鋭い人であれば、この本の1章の半分くらいを読み終えたあたりから、**「頭の回転」が速くなっていることに気づく**でしょう。

算数を楽しむことを通じて、「頭がよいって、こういうことなんだ」と実感し、考えることが大好きな人が増えることが、私の願いです。

高濱正伸《たかはままさのぶ》

『読むだけで突然頭がよくなる算数の本』

はじめに
この本の「27ページ」をめくるあたりから、あなたの「頭の回転」は速くなっています！ 3

1章 「突然、頭がよくなる瞬間」を体感してみよう

01 男女の出会いを「算数で考える」と？ 16
02 線を引くだけで、先のことがどんどん見えてくる！ 20
03 アミダクジ――確実にあたる方法がある!? 24
04 これは頭に効く！「5つの玉」問題 28
05 不思議と考える力がつく「不思議な迷路」 32
06 答えが簡単にわかる！ 問題文の「すごい読み方」 36
07 図形センスを磨く！ 4枚の絵から「1枚」選ぶなら？ 40
08 「9」が「4つ」並ぶと何が起こる？ 44

2章

小学校の算数で「考える力」がついてくる！

09 「図にして考える」のが、頭がよくなるコツ！ 50
10 お菓子が上手につくれる「算数」って？ 54
11 頭を活性化する「マトリックス」の不思議 58
12 考える力をつける「パズル」を体験！ 62
13 MECE（ミッシー）モノの見方がガラリと変わる！ 66
14 「出題者のココロ」を読む法 70
15 立体問題はまさに「頭の体操」だ！ 74

3章

見えないものが見えてくる「空間認識力」のすごさ！

16 裏の裏が読める大人のドッキリ算数 80
17 誰でも「3次元イメージ」を操れる!? 84
18 そのとき・その場所に「何人」いた？ 88
19 「植木算」で時間感覚を磨いてみよう 92
20 「未来を予測する」コツがある？ 96
21 「半分」の「半分」の「半分」は？ 100
22 「発想の転換」が上手になる問題 104

4章

どうすれば今日から、ヒラメキ人間になれる？

23 これが「見えないものが見える」瞬間だ！ 108
24 「あっという間」に答えが！　すごい算数テクニック 114
25 タテ軸とヨコ軸の「頭のいい読み方」を知ろう 118
26 「あえて計算しない」という計算法!? 122
27 「積み木問題」でヒラメキ人間になろう 126
28 答えが必ず見えてくる「着眼点」とは？ 130

29 「引っかけ問題」に強くなるには? 134
30 長針と短針のトリックを見破る! 138

5章

読むだけで、突然「数字センス」が鋭くなる!

31 ワリカンで損する人・得する人 144
32 たとえば「6人の人間」が競走する場合 148
33 「イモヅル式」で問題を一気に解く法 152
34 知ってるだけで、人生得する「公式」と「定理」 156

6章

「頭の回転を速くする」コツ、教えます！

35 あなたの仕事を「仕事算」で計算すると？ 160

36 「3歩進んで2歩下がる」と何が起きる？ 164

37 「絶対に勝つ方法」を算数で考えてみよう 168

38 あなたは「隠れた法則」を見抜ける？ 172

39 ドキドキ！ あなたの「論理力」が問われる問題 178

40 簡単で奥が深い！ 「算数の名問題」を堪能！ 182

41 「買い物が上手になる」算数とは？ 186
42 「どこから攻めるか」を考えると、頭の回転が速くなる！ 190
43 「縁起をかつぐホテル」の部屋数は？ 194
44 意外！「答え」は図の中にある!? 198
45 ドミノ倒し「この快感」はクセになる！ 202
46 たとえば「15回シュートすると、何回、失敗する？」 206
47 素晴らしい「小数の世界」を知ろう 210
48 「4：5：6の整数比」のすごいパワー 214

編集協力　浦野 敏裕（エディ・ワン）
本文イラスト　田中 英樹・広田 正康
本文DTP　町田 和代

1章

「突然、頭がよくなる瞬間」を体感してみよう

01 男女の出会いを「算数で考える」と?

この章は「試行錯誤力」がテーマです。試行錯誤力とは、いろいろ自分で試しながら課題解決をはかる力のこと。意欲が問われると言っていいかもしれません。

試行錯誤力を身につける第一歩は、まず手を動かすことです。

手は「脳の出先機関」と言われます。手を動かすことによって集中力が増してくるからです。国語の問題文を読むとき、手にもったペン先で文字をなぞりながら読むのは、〝手の力〟で集中力を引き出しているのです。

ですから、問題に向き合ったら、とにかく手を動かすこと。

これは学習技術のコツです。手を動かす力が、脳の働き、つまり、頭がよくなるためのカギを握っているのです。

まずは簡単な問題から取り組んでみましょう。

2人の出会い

A男とB子がいます。2人とも点線の道を同じスピードで進みます。下図のそれぞれのスタート地点から出発したとき、A男とB子が出会うのはどこでしょうか?

❶〜❸について、該当する角に○をつけましょう。

❶

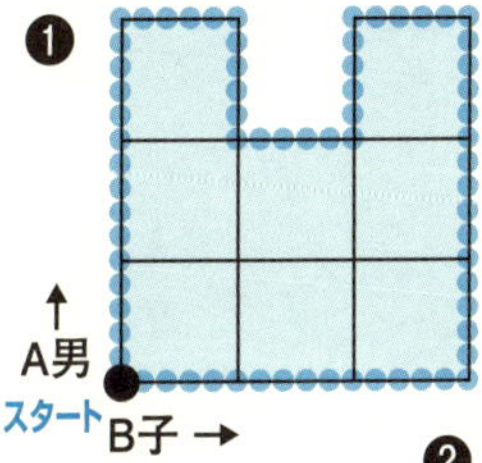

❷

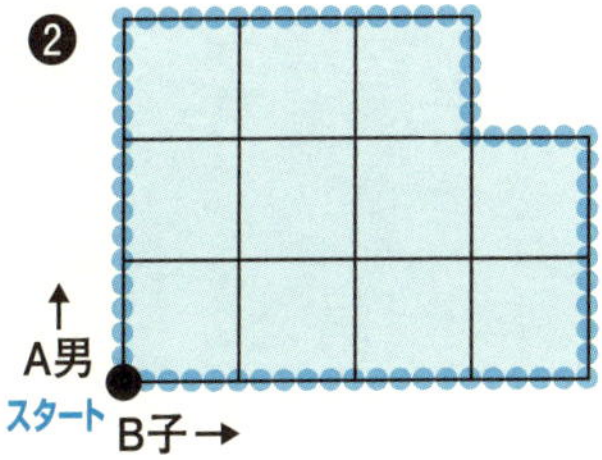

❸

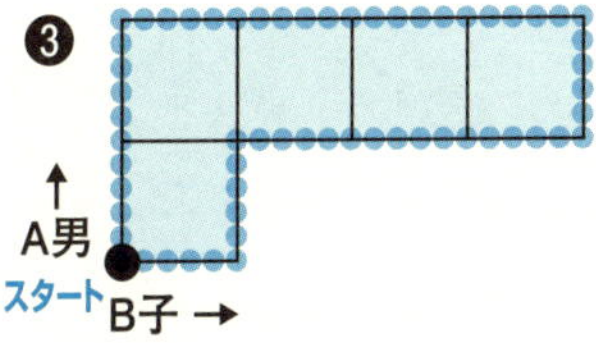

答え

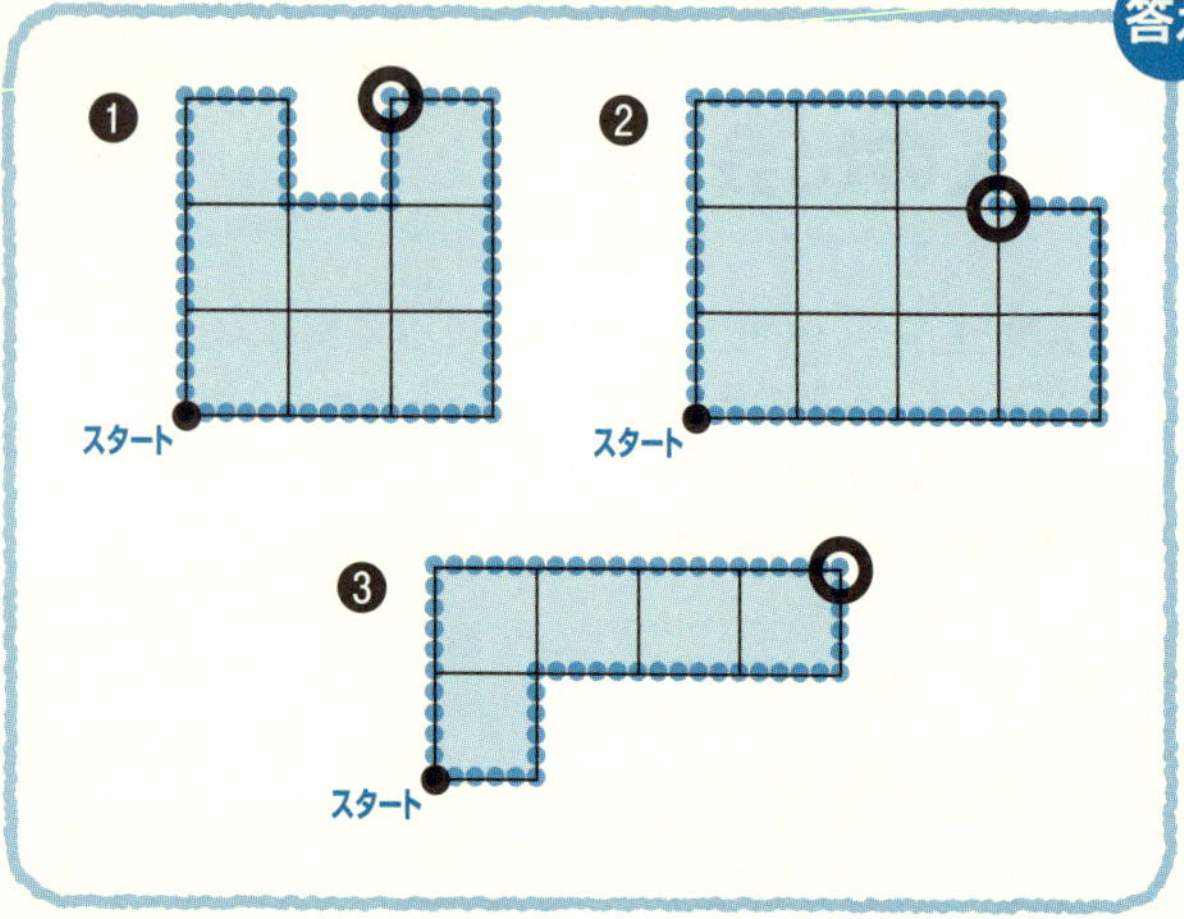

＊とにかく手を動かしてみよう

答えは上のとおりです。

簡単な問題ですから、みなさん正解だったと思います。ひょっとして間違った人がいるとすれば、「愚直な手作業」をバカにしたせいかもしれませんね。

さて、その愚直な手作業。

ペンをもっていた人は、スタート地点からA男が1つ進んだところにマル、次にB子も1つ進んだところにマル、という具合に、交互に印をつけていったのではないでしょうか。

交互に同じ数だけマルをつけていって、最後にあまった1つの角が正解の箇所というわけです。

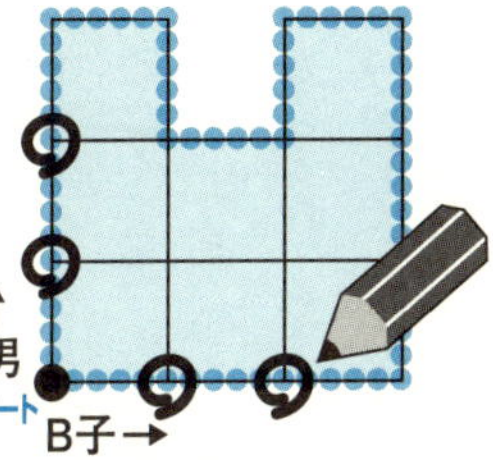

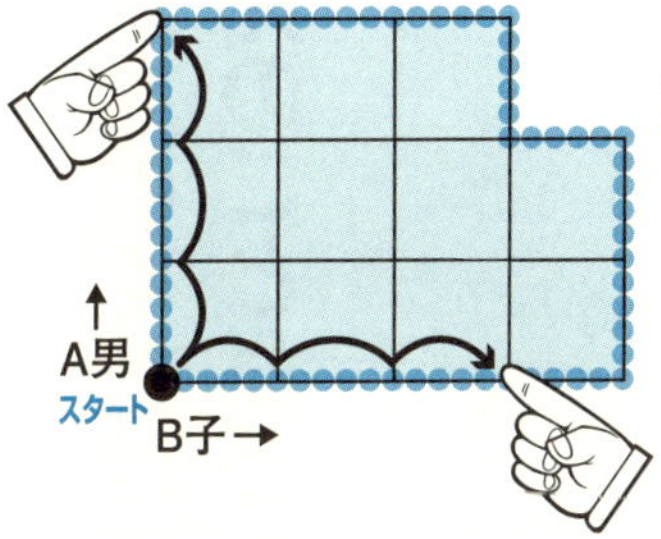

＊**脳が働きだすカギ**

もっと愚直な手作業としては、左手の人差し指をA男、右手の人差し指をB子の代わりにして、スタート地点から同時にイチ、ニ、サンと数えながらなぞっていくという方法があります。

どん臭いように見えますが、間違いのない手作業ですね。

試行錯誤力を支えるのは、そんな愚直なまでの律儀さです。当たり前のことを、何の疑いもなく当たり前のように実行する。

この愚直な姿勢は、一見面倒くさいように思います。ただ、これこそが試行錯誤力の原点なのです。頭がよくなるコツとも言えます。

02 線を引くだけで、先のことがどんどん見えてくる！

次の試行錯誤問題は、なんとなくやれば、なんとなくできてしまいます。

しかし、その「なんとなく」を払拭《ふっしょく》して、合理的な発想をもって向き合えるかどうかが問われます。

つまり、なんとなく試行錯誤するのではなく、考えて試行錯誤する。まず考えることが肝心です。

難しく言えば、「思考の戦略性」をもつことです。最初にどうすれば、その後がうまくいきそうか。先の見通しを立てながら、今すべきことを考えるのが戦略です。

なんとなくやった結果と、最初に戦略を立ててやった結果とでは、同じゴールにたどり着いたとしても、プロセスの効率性や、そのスマートさが違ってきます。

そんなことを頭に置きながら取り組んでみてください。

仲良しの動物は?

ネズミとモルモット、ペンギンとシロクマ、カンガルーとコアラ、ウサギとシカは、それぞれ仲良しです。

仲良し同士を線で結んでください。ただし、線が交わってはなりません。

答え

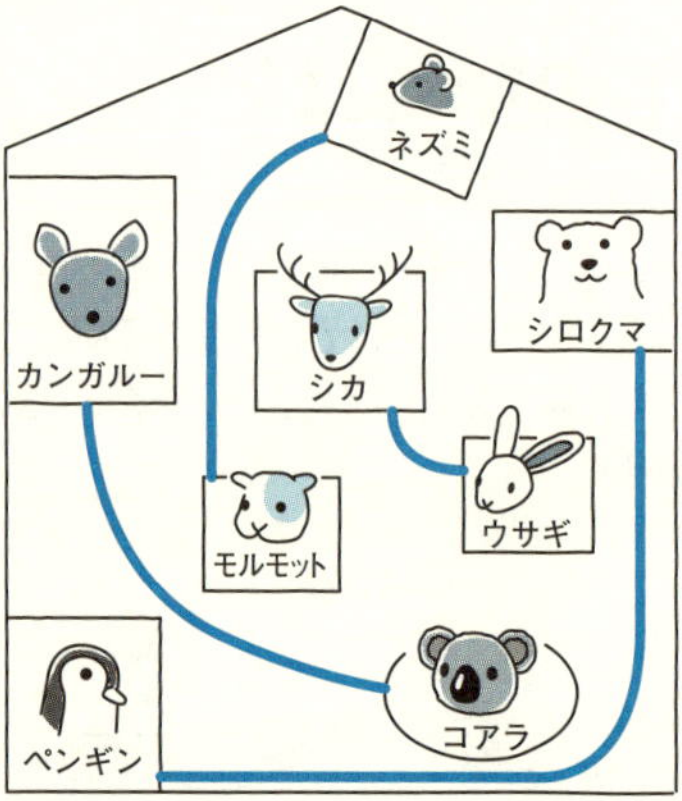

＊手を動かすのをちょっとだけ我慢

あなたはどんな線の引き方をしましたか？

たとえば、問題文の最初に出てくる「ネズミとモルモット」を先に線で結んだ人は、なんとなくできちゃった路線を走りやすい人。そこで、線を引きたくなるのを我慢して、ペンギンとシロクマを結ぶ線を上のように先に引いた人は戦略派と言えます。

一番外側に引いておけば、他の邪魔にならないという発想があるわけです。

この発想は、「可能性の絞り込み」という算数問題の重要テーマに通じます。さまざまな可能性のうち、検証しやすいところをまず片づけ、残りのケースを絞り込んで

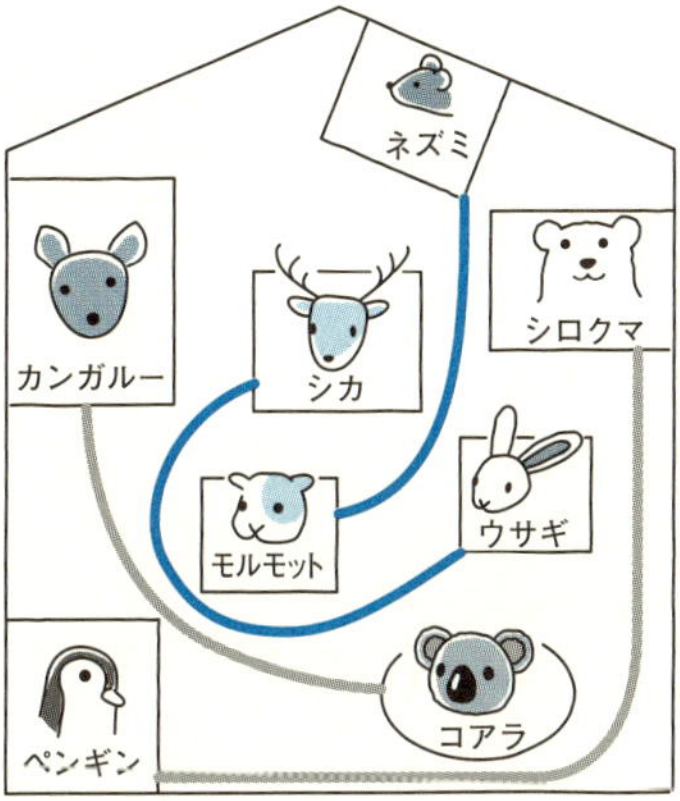

検証しやすくする。

つまり、ペンギンとシロクマを結ぶ線を先に引くことで、他の仲間同士の線を引くルートが考えやすくなるわけです。

＊短い線にするには？

ネズミとモルモットを結ぶ線をシカの右側に引くのか左側に引くのか――。「思考の戦略性」をもつかどうかの分かれ目になります。上の図のようにシカの右側に引くと、シカとウサギをつなぐ線が無駄に長くなってしまいます。

正解には違いなくても、プロセスが効率的でスマートでなくては、キレのある頭の使い方とは言えません。

03 アミダクジ——確実にあたる方法がある!?

試行錯誤力は、やみくもに手を動かしていればいいというわけではありません。当然のことながら、正解を出さなければ意味がありません。

そしてもう1つ、正解を出すことと同じくらい重要なことがあります。問題を解くときに試行錯誤する中で、なぜうまくいったりいかなかったりするのか、その理由を考えること。そのプロセスを、ほかにも通用する〝経験値〟として血肉化すること。これがあなたの思考を深める作業をうながすことになるのです。

そんな思考の深掘り作業は、難しい問題だけではなく、一見簡単そうに見える問題でも行なうことができます。

たとえば、次のアミダクジを題材にした問題。簡単にできてしまう問題ですが、「なぜ、そうなのか?」と考えると、けっこう奥深いものがあります。

首都当てアミダクジ

下のアミダクジは国名と首都名をつなげるものです。ただし、2つ間違っています。どこかにヨコ線を1本だけ引いて、国名と首都名を正しくつないでください。

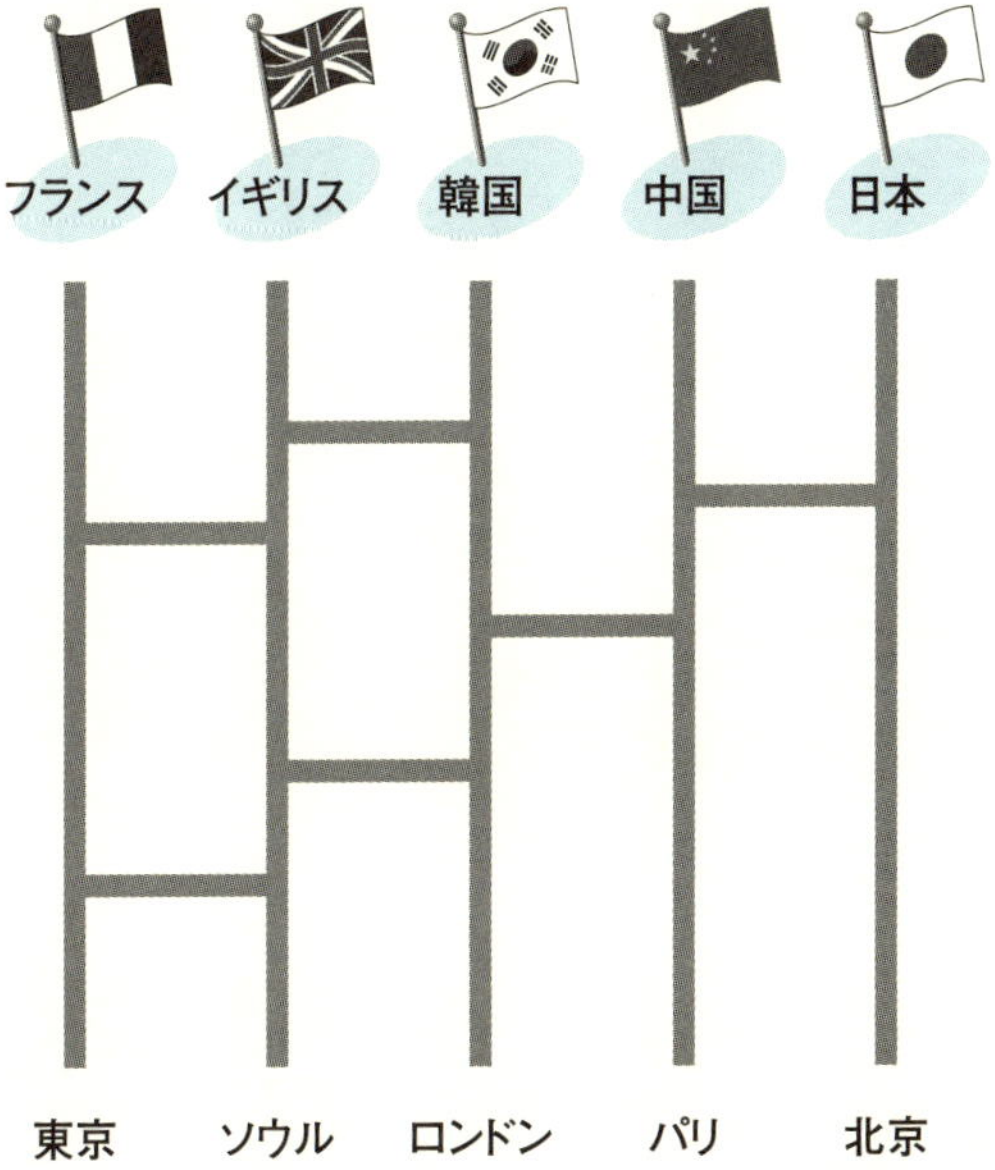

答え

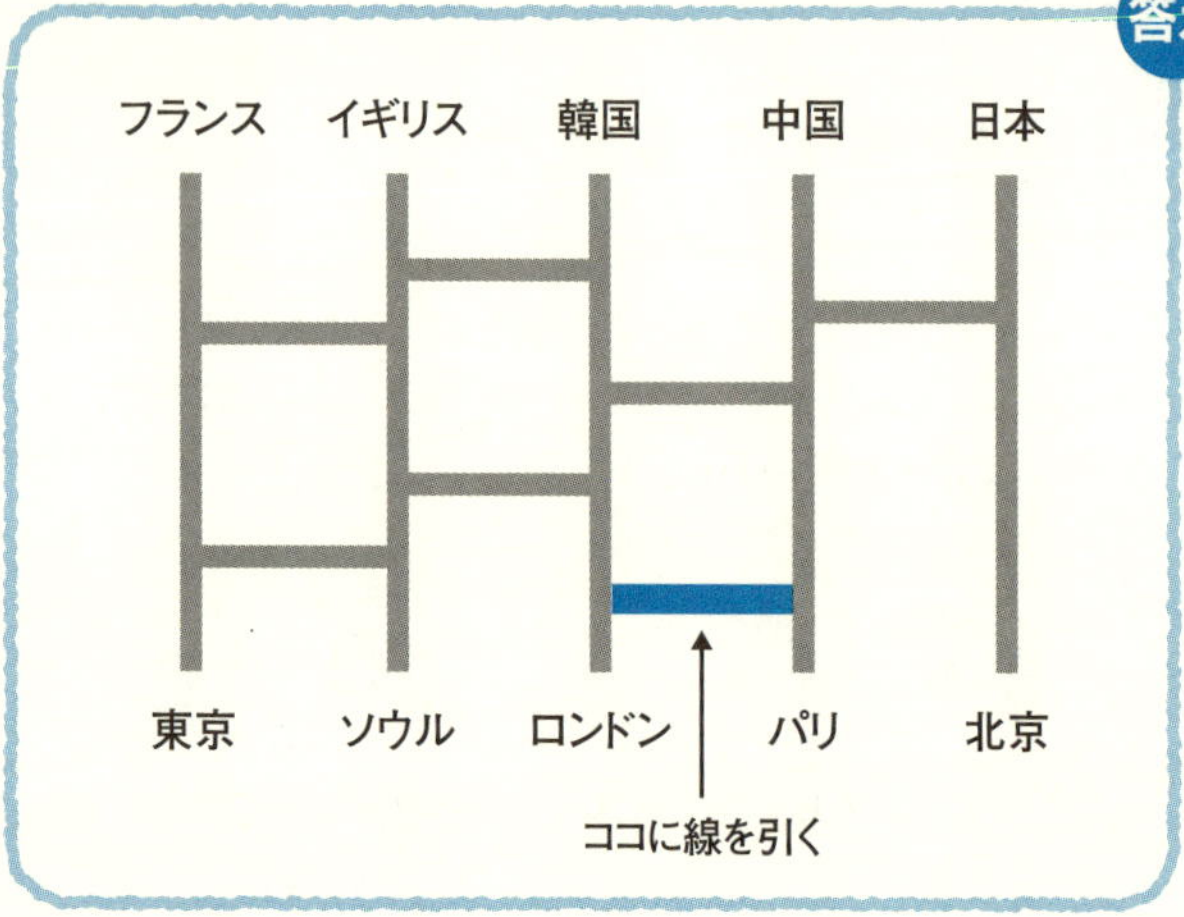

＊「結果オーライ」はじつはNG

いかがでしたか？　みなさん、難なくできたと思います。

国名を左から確認した人は、フランス、イギリスとそれぞれたどったところで、「あ、ここに線を引けばいいじゃん」と、上のようにしたのではないでしょうか。

ただし、この問題を解く前に、アミダクジについて、思考を深掘りすることができれば、もっと簡単に正解がわかるのです。

では、考えてみましょう。そもそも、アミダクジのヨコ線って、何なのでしょう？

少し思考を深掘りすると、アミダクジのヨコ線は交点と同じ働きをしていることがわかります。

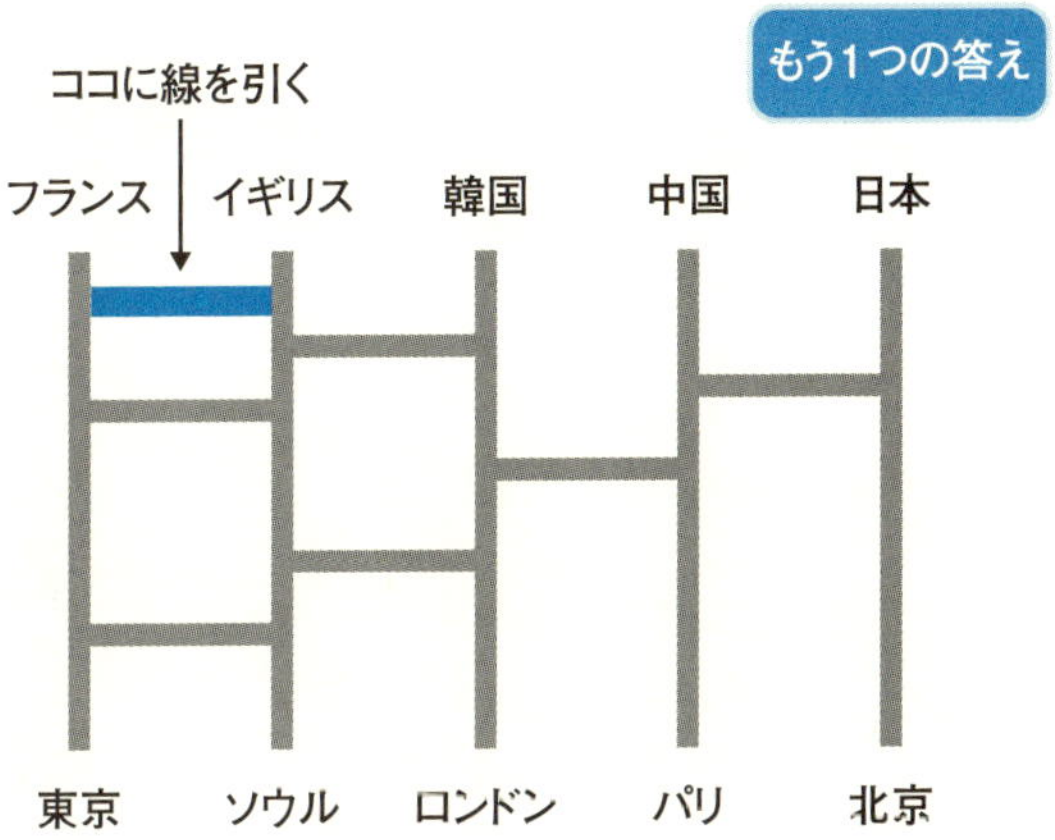

隣り合っている2つのタテ線に、ヨコ線を入れると、その後たどり着くゴールが入れ替わる。

それは、同じ方向からきた2本の線が交わるのと同じ現象です。その交点と同じ役割をヨコ線が果たしているというわけです。

＊「なぜそうなるか？」を考える

思考を深掘りして、アミダクジのヨコ線が交点と同じだとわかっていれば、フランス、イギリスのタテ線が最初に隣り合う上の図の場所に線を引いても正解だということがわかります。

初めからこの線を引いた人は、全体を見て核心をつかむ俯瞰《ふかん》力のある人と言えます。

04 これは頭に効く！「5つの玉」問題

いろいろ試すにはしても、ただやみくもにやるのではなく、確かな方針をもってトライする。それが試行錯誤力のコツです。

いろいろ試そうとするのは、やってみようという意欲があるからです。これは、情緒的な心の動きです。それに対して、確かな方針は、理性的な論理思考がもたらすものです。試行錯誤力は、この両方の要素をもった力と言えます。

みなさんは、意欲については、本書を手にした時点ですでにクリアしています。問題は論理思考のほうです。

論理思考で大切なのは、「考え方の基準軸」をもつこと。この基準軸をしっかりもたないと、思考の漏れやブレが生じます。

では、その基準軸を認識するために次の問題にトライしましょう。

○と×——どう並ぶ?

○が書かれた玉と、×が書かれた玉が3個ずつあります。その中から5個を取り出して、円の形に並べたときの並べ方を、例にならって、ほかに3種類書いてください。ただし、回して同じ並べ方になるものは除きます。

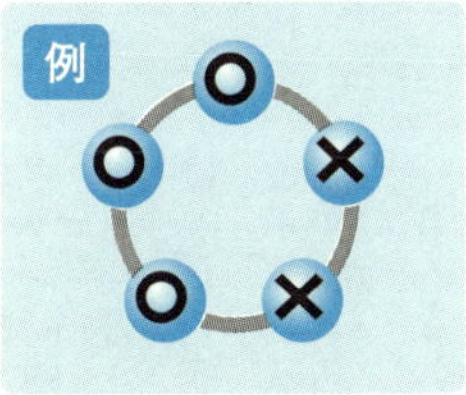

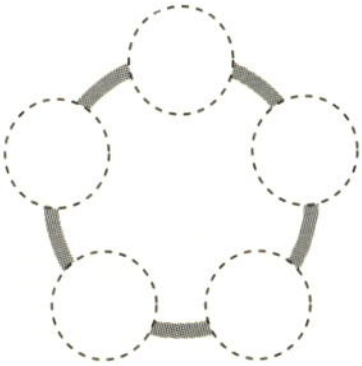

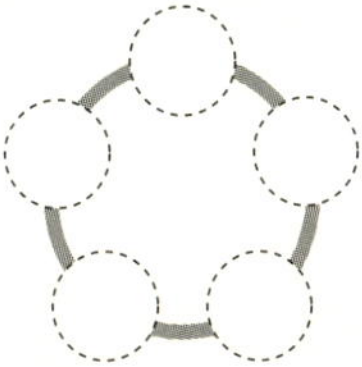

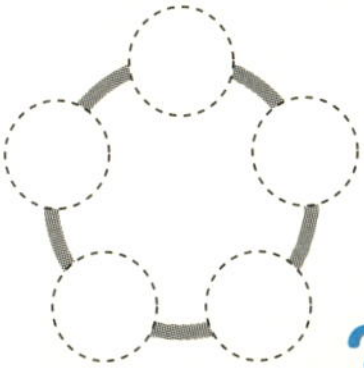

答え

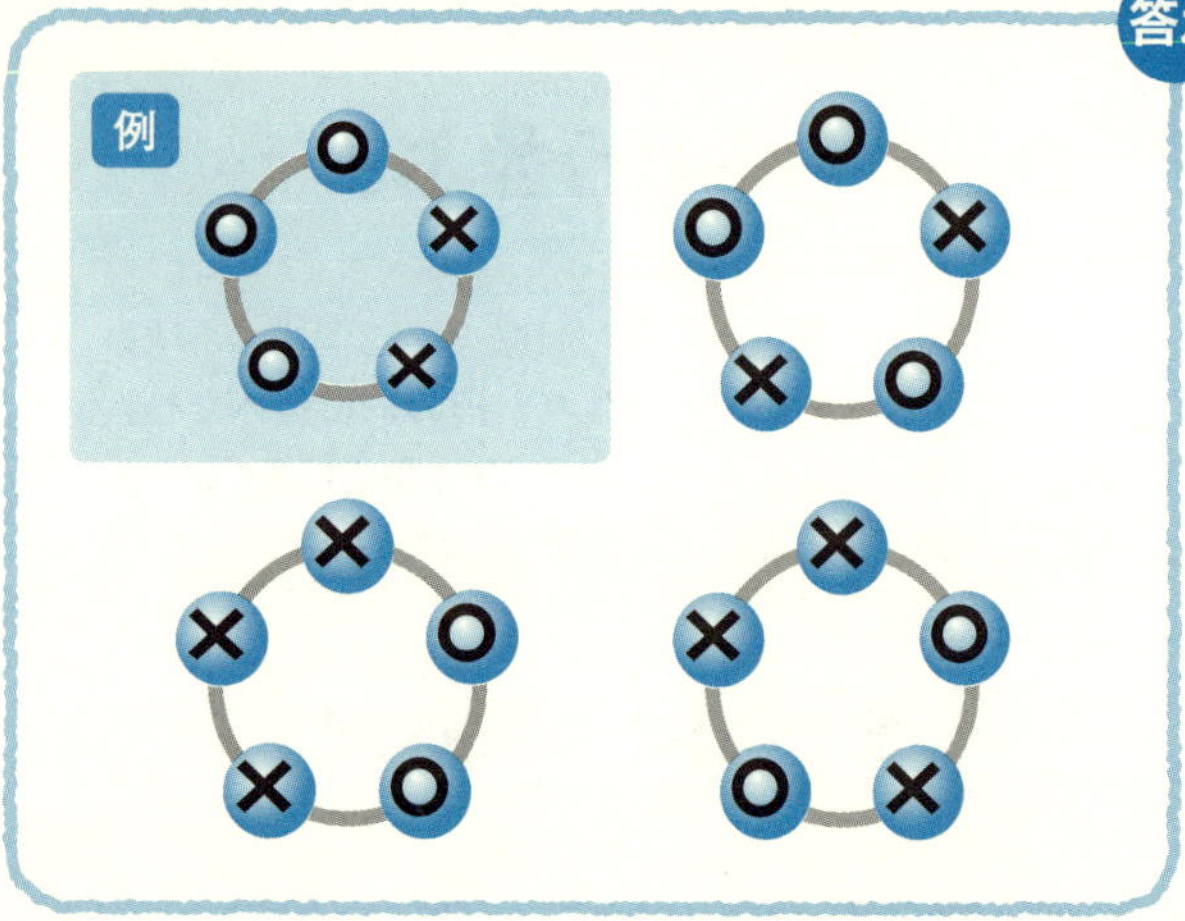

＊「〜しかない」と言い切れる？

まず、問題文をしっかり読むこと。最後のただし書き「回して同じ並べ方になるものは除きます」は、絶対読みとばしてはいけませんね。

みなさん、正解できたと思います。ただし、肝心なのはその正解を導くために、どう考えたかです。

ここで、「考え方の基準軸」が問われます。

3個ずつある○と×の玉から5個を取り出すのですから、○を基準に考えれば、○が3個か2個の場合しかありません。このふたとおりの場合に分けて検証していく。

これが、最初にもたなければいけない考え方の基準軸になります。

例で○が3個のパターンの1つは示されています。

他に○が3個のパターンはないかを考えるときに、問題文のただし書きの条件を忘れてはいけません。この条件を前提とすれば、残るは「答え」の右上のパターンしかない、ということになります。

「～しかない」と言い切れるかどうかは、論理思考を重ねていく際に欠かせません。

＊想定されるケースを漏れなく整理

○が3個のパターンが確定すれば、あとは、○と×を逆にしたパターンを考えれば正解になります。下段の2つのパターンです。

ただし、○の数と並べ方を基準に、場合分けを漏れなく整理することもできます。

① ○が3個の場合で、その3個が並ぶ場合（左上の図）
② ○が3個の場合で、そのうち2個が並ぶ場合（右上の図）
③ ○が2個の場合で、その2個が並ぶ場合（左下の図）
④ ○が2個の場合で、その2個が離れている場合（右下の図）

このようにすれば、ガードの固い論理思考のプロセスと言えます。

05 不思議と考える力がつく「不思議な迷路」

試行錯誤力には、意欲が必要だとお話ししました。でも、意欲をもってトライしたものの、途中でイヤになって投げ出してしまうことってありますよね。そのときのイヤになる原因って何でしょう？

「あぁ面倒。こんなに大変なら、やるんじゃなかった……」

そんな思いではないですか？

せっかく意欲をもったのですから、途中で多少のことがあっても「最後までやり遂げる！」という意志力をもちましょう。

じつは、その意志力を支えるのが、考え方の基準軸。考え方の基準軸があれば、突然、突破口が開けてくるものです。

次の問題は、考え方の基準軸に裏づけられた、あなたの意志力が問われます。

朝の事件

朝起きたら、下の図のスタート地点にいました。とてつもなく高い場所で、一歩踏み外したら命はなさそうです。矢印でできた床は、乗ると自動的にその方向に進んでいってしまいます。このままだとA地点でまっさかさまに落ちてしまいます。そこへ、神様の声が聞こえてきました。

「矢印を2つだけ、好きな向きにしてあげよう」

さて、ゴールにたどり着くためには、どの矢印の床を、どの向きに変えたらよいのでしょう?

答え

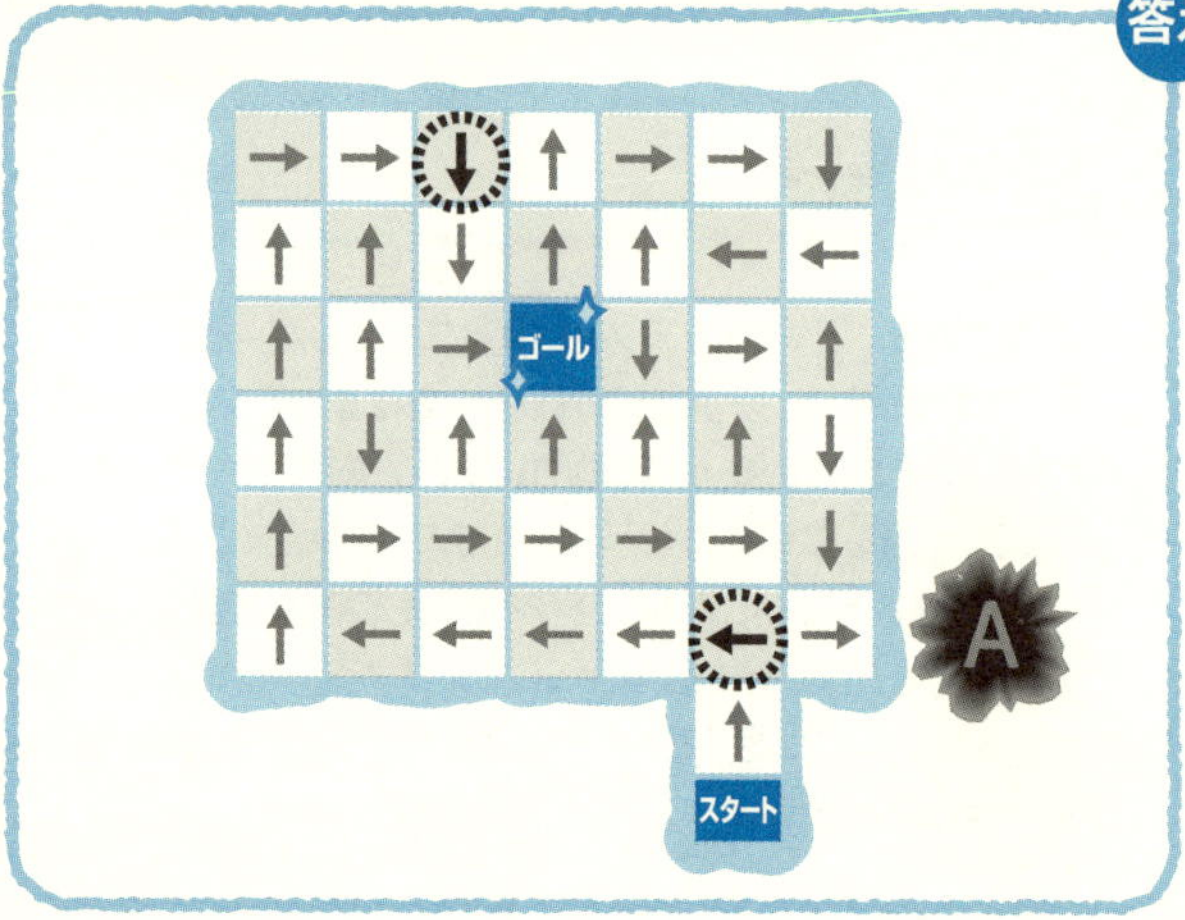

＊ポイントとなる場所に着目

問題を解く際の着眼点は、左ページの図1の①と②の矢印です。①か②のどちらかを変えなければ、A地点で落ちてしまうからです。

まず、①について。

矢印の向きを変えるには、左向きしかありません。左向きにして進むと、③のところで光明が差します。下に向ければ、無事ゴールにたどり着きますね。

もちろん、ほかの答えがないかどうかの検証を忘れてはいけません。③に行くまでの途中の矢印の向きを変えた場合はどうか。1つひとつ確かめると、ゴールに行けないことがわかります。

図1

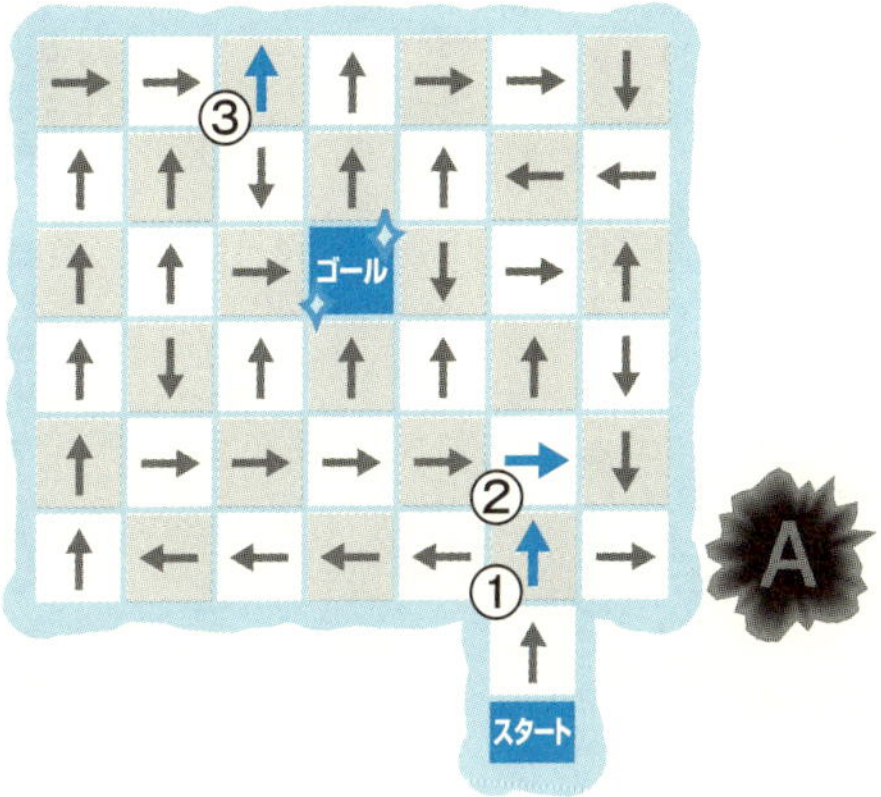

このような地道な検証には、意志力が必要となります。

＊確かめることを忘れずに

もう1つの②は、変えるとすれば上向きしかありません。

そして、1つ進むごとに矢印の向きを変えて検証をします。ダメだとわかったら、また1つ進む。これを繰り返していきます。すると、ルート上の矢印のすべてについて、向きを変えてもゴールに行けない、という結論になります。

このように1つひとつ確かめていく。その意志力があれば、必ず答えにたどり着く問題です。

06 答えが簡単にわかる！問題文の「すごい読み方」

次の問題は、手を動かすという点では、トーナメント表の線をなぞるだけです。

ただし、その線をなぞる前提として、問題で示された条件をどう読み解くかがコツになります。

書かれている「表の条件」だけでなく、その裏側にある「裏の条件」をしっかり読めなければなりません。

裏の条件を1つひとつ丹念に読み解いていけば、思いのほかラクにゴールにたどり着ける。頭がよくなったように実感できる。

そんなことを肌で感じるはずです。

裏を制する者は、表を制す——。

なんだか昔の番長の世界みたいですけど、ぜひ実感を。

優勝したチームは?

8チームでサッカーの勝ち抜き戦をしました。

① AチームはBチームに負けました。

② HチームはEチームに負けました。

③ EチームはCチームに負けました。

優勝したチームに○、1回戦で負けたチームに×をつけましょう。

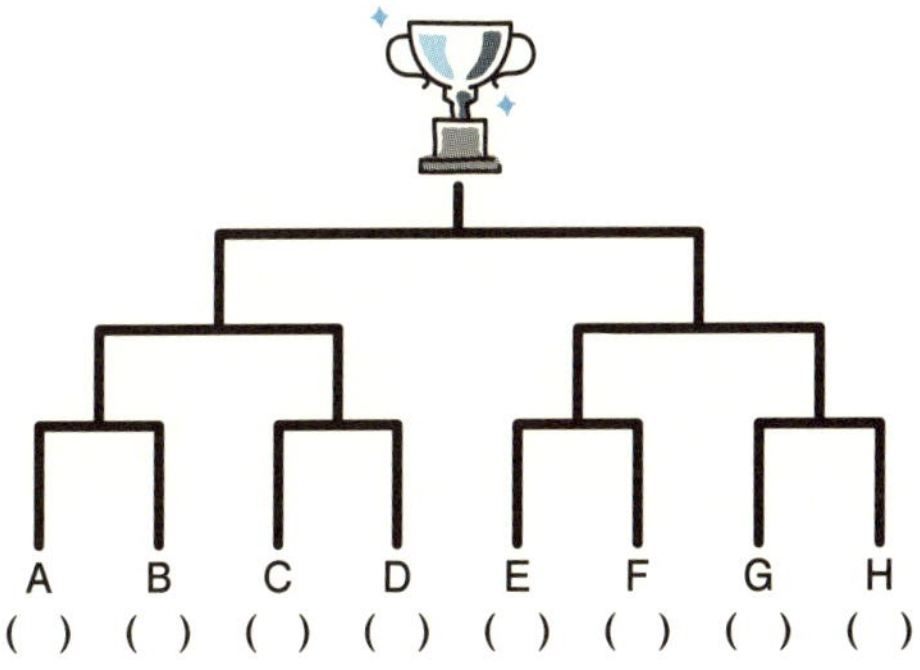

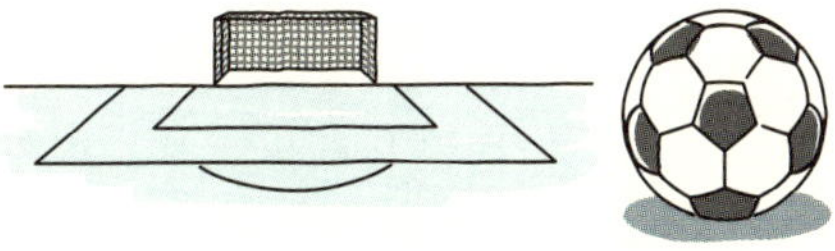

答え

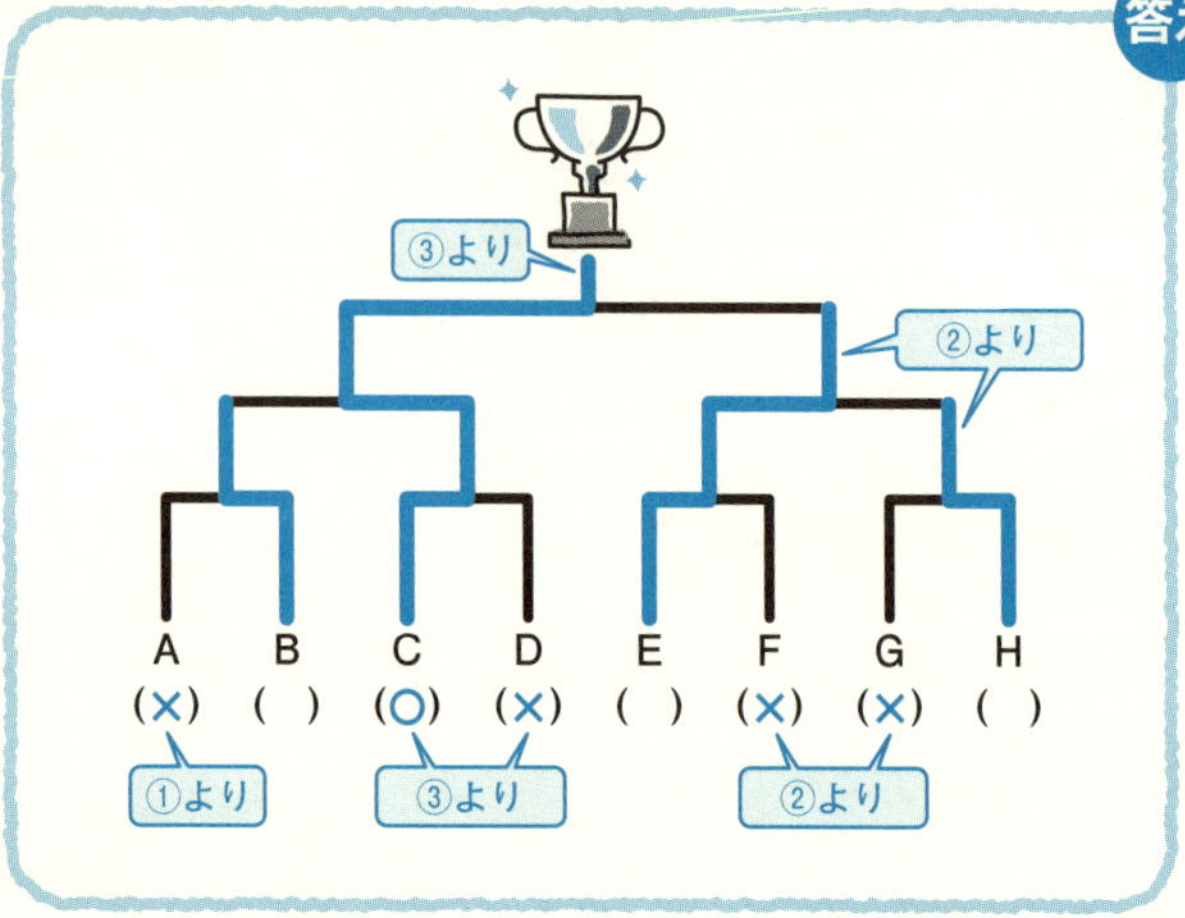

＊1つひとつの条件の裏を読む

問題文で示された3つの条件を1つひとつ丹念に読み解いていけば、自然にゴールが見えてきます。

まず、①の条件「AチームはBチームに負けました」。

解答の1つがそのまま提示されているので、Aの下の( )に×印。その裏の条件としては、「Bチームは2回戦に進んだ」ということになります。

次に、②の「HチームはEチームに負けました」。

トーナメントの右半分を見れば、HチームがEチームと対戦するためには、両チームが2回戦に進まないと実現しません。つまり、この②の裏の条件は、「ＧチームはＨチームに負け、ＦチームはＥチームに負けた」ことと、「Ｅチームが決勝戦に進んだ」ということです。

　ここで、Ｆ、Ｇチームが１回戦で負けたチームとして（　）に×印がつきます。

＊スムーズにゴールにたどり着く「快感」

　さて、最後の③の条件「ＥチームはＣチームに負けました」。

　②で決勝戦に進んだことがわかったＥチームがＣチームと対戦するとすれば、決勝戦しかありえません。裏の条件は、「Ｃチームが優勝した」ことと、「ＤチームはＣチームに１回戦で負け、ＢチームはＣチームに２回戦で負けた」ということ。

　つまり、Ｃの下の（　）に○、Ｄの下の（　）に×印が入ります。

　以上をまとめると、答えのようになるというわけです。

「表」に隠された「裏」を読み取れると、ちょっとした快感を味わえますね。

　これは、算数の問題を解くときだけではありません。たとえば日常生活で、相手の言葉の裏側にあるホンネが読み取れたときもそうですね。

　裏にある条件を読み取る。習慣にしてみると、おもしろいです。

07 図形センスを磨く！ 4枚の絵から「1枚」選ぶなら？

問題を解くときは、その集中力をグイッと高めるために手を動かしていると言っていいでしょう。手を動かすことで、目も動かすことになるからです。

集中力を高めるには、よく見ることがコツなのです。

脳科学の分野で、見ることは、集中力を維持するのに欠かせないことが指摘されています。

次の問題は、そんな「目ヂカラ」による集中力が求められます。問題で示された条件に合う図形を、よく見て数えなくてはなりません。

集中力さえ切れなければ、簡単にできる問題です。

ただ、注意しなくてはいけないのは、「頂点」という言葉の意味。小学校のころに習ったはずです。思い出してくださいね。

「算数」展覧会の絵

次の文章を読んで、下の❶〜❹の絵の中から、該当するものを選んでください。

①円は4つ。
②四角形の数と三角形の数の合計は10。
③頂点の数は、4つの絵の中で2番目に多い。

❶

❷

❸

❹

答え

❹

図1

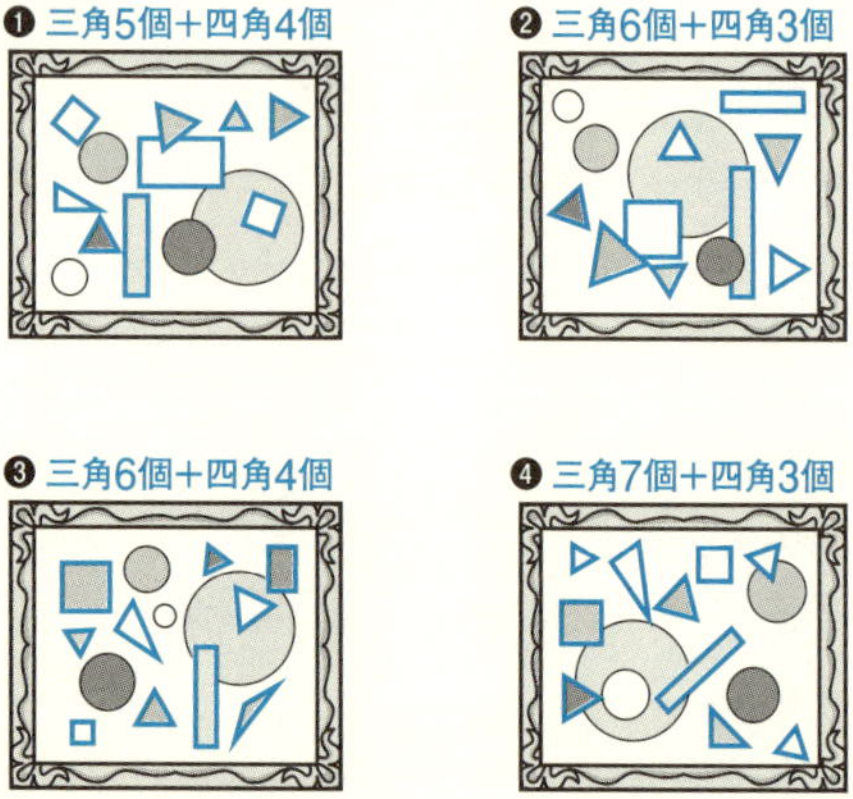

＊考える「方針」をもとう

まず、①の条件は、すべての絵に該当します。答えの候補は絞りきれません。

次に②の条件。図1で太線で囲った三角形と四角形の合計を数えると、❸と❹が10個となります。

数え間違えたり、何度も数え直した人は、数え方の方針がフラつき、集中力が切れたのかも。

四角形を数えてから三角形を数えるのか、あるいは、絵の右側から数えるのか。方針があるかどうかで精度が違ってきます。

＊頂点があるのは三角形だけではない

最後に、③の条件です。

図2

ここで「頂点」の意味を勘違いしてはいけませんね。

頂点は、鋭利にとがっている三角形の角のことだけではありません。四角形でも五角形でも、角はみな頂点です。

さて、その数え方です。

三角形と四角形の頂点を1つひとつ数えるより、三角形、四角形それぞれの数に頂点の数（三角形は3つ、四角形は4つ）を掛けたほうが効率的です。

図2に計算式を示しました。

頂点の数は、一番多いのが❸の34、二番目に多いのが❹の33。

つまり、答えは❹ということになります。

頭がよくなる解き方です。

08 「9」が「4つ」並ぶと何が起こる?

日本には昔から、「○○算」という名前のついた計算問題がありました。たとえば、「植木算」「仕事算」「鶴亀算」……。

きれいなネーミングのナンバーワンは、「小町算《こまち》」でしょう。

小町算とは、1~9の数字と加減乗除の記号(+、-、×、÷)で、100をつくるというもの。たとえば、1×2×3×4+5+6+7×8+9=100、です。

ネーミングの由来は、平安時代の絶世の美女、小野《おの》小町。「百夜通ってくれたら契りを結ぶから」と小野小町に言われた深草少将《ふかくさのしょうしょう》が、九十九夜通って、あと一夜というところで亡くなったという話が、元になっていると言われています。

次のページにあるのは、その小町算に似た問題。数字の特徴を意識した試行錯誤力が試されます。

「＋」「－」「×」「÷」の神秘

9が4つ並んでいる数式があります。例にあるように、加減乗除の記号（＋、－、×、÷）を使って答えを出します。❶～❸の数式の□に加減乗除の記号を入れて、正しい数式を完成させてください。

例　9 × 9 － 9 ＋ 9 ＝81

❶　9 □ 9 □ 9 □ 9 ＝ 2

❷　(9 □ 9 □ 9) □ 9 ＝ 3

❸　(9 □ 9 □ 9) □ 9 ＝10

答え

❶　9 ÷ 9 ＋ 9 ÷ 9 ＝ 2

❷　(9 ＋ 9 ＋ 9) ÷ 9 ＝ 3

❸　(9 × 9 ＋ 9) ÷ 9 ＝ 10

または、

(9 ＋ 9 × 9) ÷ 9 ＝ 10

＊最後にある9に着目

9を9で割れば1、9に9を足して9で割れば2——というように、9を使った計算の答えがパッと暗算で思い浮かぶか。カラダに染みついた数字感覚が問われます。

着眼点の1つは、答えの数値がどのように成り立っているかを考えること。

❶であれば、2は「1＋1」と分解できます。となると、前の2つの9で1を、後ろの2つの9で1をつくり、足せば答えが出ます。

もう1つの着眼点は、答えの数値が、計算式の4番目の9をどのように計算すればできるかを考えること。

❷であれば、答えの3をつくるには、4

番目の9で、その前にできた27を割ればできる。

とすれば、最初の3つの9で27をつくればいいわけです。

＊＋、−、×、÷で場合分け

さて、難しそうなのが❸です。最初の3つの9で1をつくれれば、最後の9を足して10をつくれます。

しかし、3つの9で1をつくるのはどうやっても無理そうです。となると、ここは場合分けを丹念にやっていくしかありません。

まず、計算式の最後の記号について考えます。最初の3つの9で10/9をつくれないので、×はありえません。前述のように＋もムリ。−なら、最初の3つの9で19をつくらなくてはいけないので、これもムリ。とすれば、÷しかありません。

9で割って10にするには、最初の3つの9で90をつくる必要があります。加減乗除を1つひとつ試していくと、9×9＋9＝90、または、9＋9×9＝90という計算式にたどり着きます。

場合分けで1つひとつ検証していけば、自然と答えが見えてくるというわけです。

2章

小学校の算数で「考える力」がついてくる！

09 「図にして考える」のが、頭がよくなるコツ！

この章のテーマは、「具体化力」です。

コミュニケーションでは、具体的に話すことは説得力を増す重要なポイントになります。また、考え方と行動の仕方をスマートにするためにも、具体化は重要です。

たとえば、「仕事のスキルを上げたい」といった抽象的な目標の場合。何をいつまでにすればいいのかと具体的な目標にすることで、自分が考えるべきこと、行動すべきことが見えてきます。

具体化力とは、目標を達成するための考え方や行動の仕方をわかりやすく「見える化」することと言えます。

算数は、数字による具体化力が問われる分野。この章で問題と向き合うことを通じて、その具体化力のコツを確認してみてください。

「休日の予定」の立て方

Aさんは、今度の休日の予定を立てようとしています。下のメモのように、やりたいことがいろいろあります。Aさんは、さまざまな予定のあいまに、外出中、スマートフォンにダウンロードした音楽をできるだけ聴きたいと思っています。

今度の休日は、音楽を何分聴けるのでしょうか?

《メモ》

- 8時に家を出て、9時から2時間、映画を観よう。
- 12時に予約しているレストランで母と1時間昼食。
- 荷物受け取りのため、午後2時に一時帰宅。
- 5時にB君と待ち合わせ。1時間前に家を出る。
- 7時までB君と遊んで、その後一緒に夕食。
- 夕食の後、久々にカラオケに行きたい。10時に解散、11時に帰宅する。

答え

300分

＊まずは問題文の意味をつかむ

考えるべきことを具体化するためには、与えられた条件の情報整理が大前提。それにはまず、問題文を漏れなく読み切ることです。

問題文に、けっして読み落としてはいけない部分があります。それが、「外出中」という言葉。ビートルズの曲を聴くのは、「外出中」というのが絶対条件となります。あとは、常識的な判断として、外出中になにか用事があるときは除外されると考えなければなりません。

つまり、問題文にその言葉はありませんが、「移動中」に曲を聴くということになります。

ここまでが、考えるべきことを具体化するための前段階です。

＊わかりやすくコンパクトに「見える化」

次に、手を動かす作業に入ります。時刻ごとに区切った表をつくると考えやすいですね。

そして、問題の《メモ》にある一文一文を読みながら、曲を聴ける時間帯を塗りつぶしていきます。その際、「外出中」であること、外出中になにか用事があるときは除外されることを、あらためて頭に置いておかなくてはなりません。

メモの6つの項目すべてを踏まえて、曲を聴ける時間帯をまとめると、左のようになります。1時間の時間帯が全部で5つ。

つまり、ビートルズを聴けるのは5時間（300分）ということになります。

この問題では、問題文には直接書かれていない条件を理解して情報を整理していくことが、具体化のポイントになります。

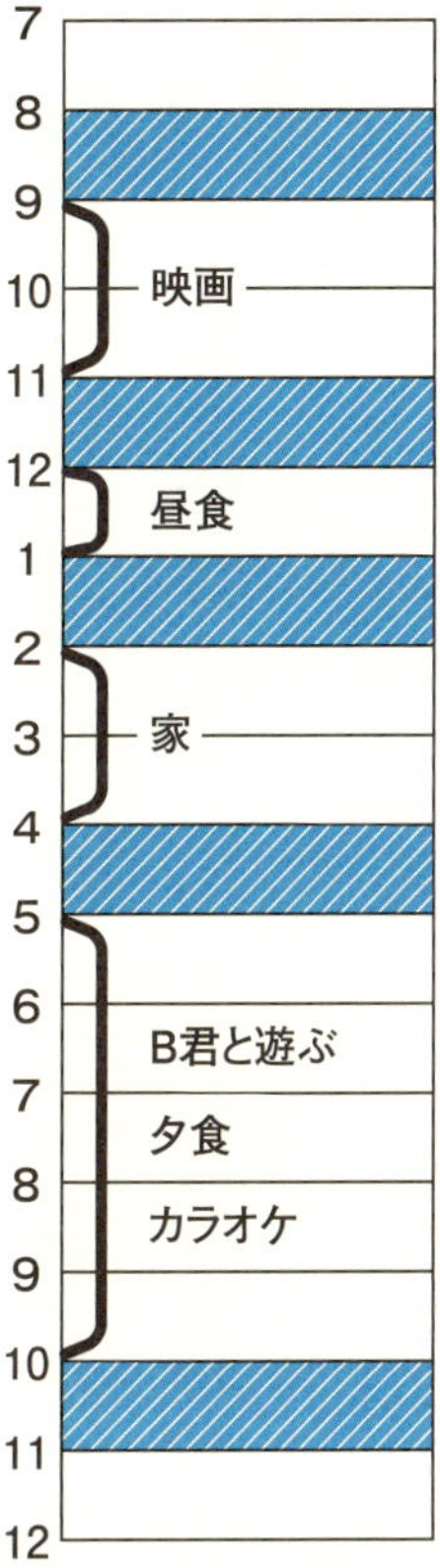

10 お菓子が上手につくれる「算数」って？

前に「手を動かすこと」の大切さに触れました。手を動かすことが、集中力を高めたり、脳の働きを促したりします。

問題を解くときには、問題文の内容を図に表すという「見える化」がよく行なわれます。図にすることのメリットとしては、数字をモノの数や量としてとらえることができる、グループ化して情報が整理できる、関係性を矢印で示して確認できる――といった点があります。

仕事のできる人は、その場でササッと図を描いて相手に説明したりします。図解の速さ、うまさは、頭のよさ、仕事能力の高さと比例すると言っていいでしょう。

あなたはどうですか？

具体化力の1つ、「図解の力」を次の問題で確かめてみましょう。

おいしいクッキーのつくり方

クッキーをつくろうと思います。1個の生地から1個のクッキーの型をとったとき、必ず余った部分が出ます。その余った部分を4個集めると、1個の生地をつくることができます。

初めに10個の生地があると、全部で何個のクッキーができますか?

答え

13個

図1

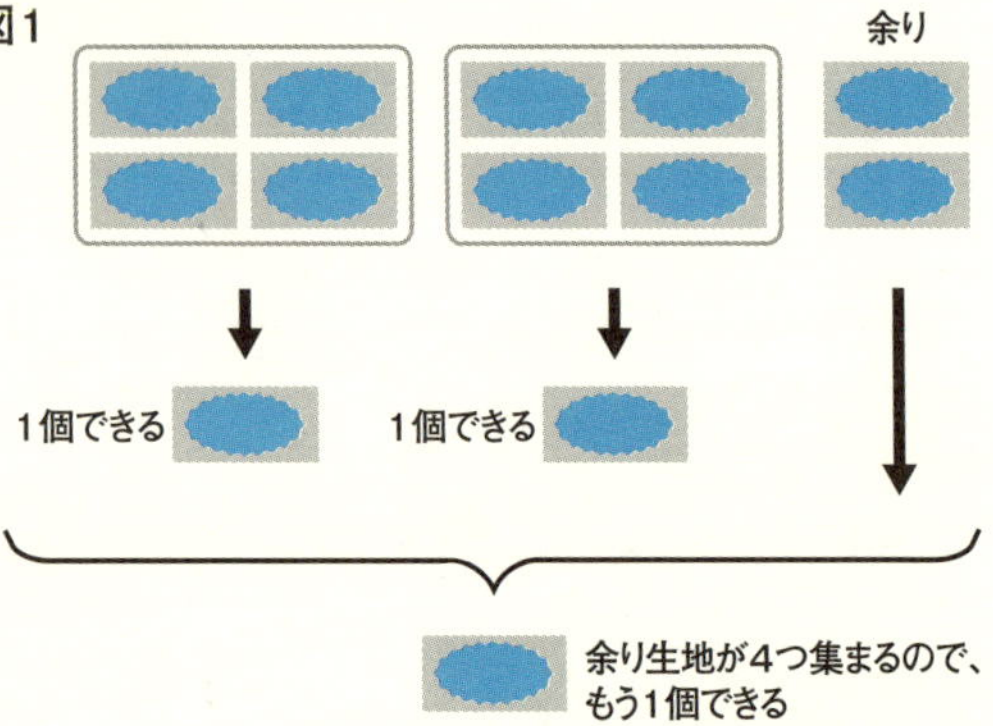

＊答えがクッキリ見えてくる不思議

問題を解く際の図をていねいに描くと、図1のようになります。

まず、最初の10個の生地を4つずつのグループに分けます。2個が「余り」になりますね。

次に、4個まとまったグループの余りから、それぞれ1個ずつクッキーができることを描きます。

さらに、その2個と最初の「余り」2個、計4個からもう1個のクッキーができることを図にします。

というように描いていくと、13個という答えが一目瞭然ですね。

できましたか？

図2

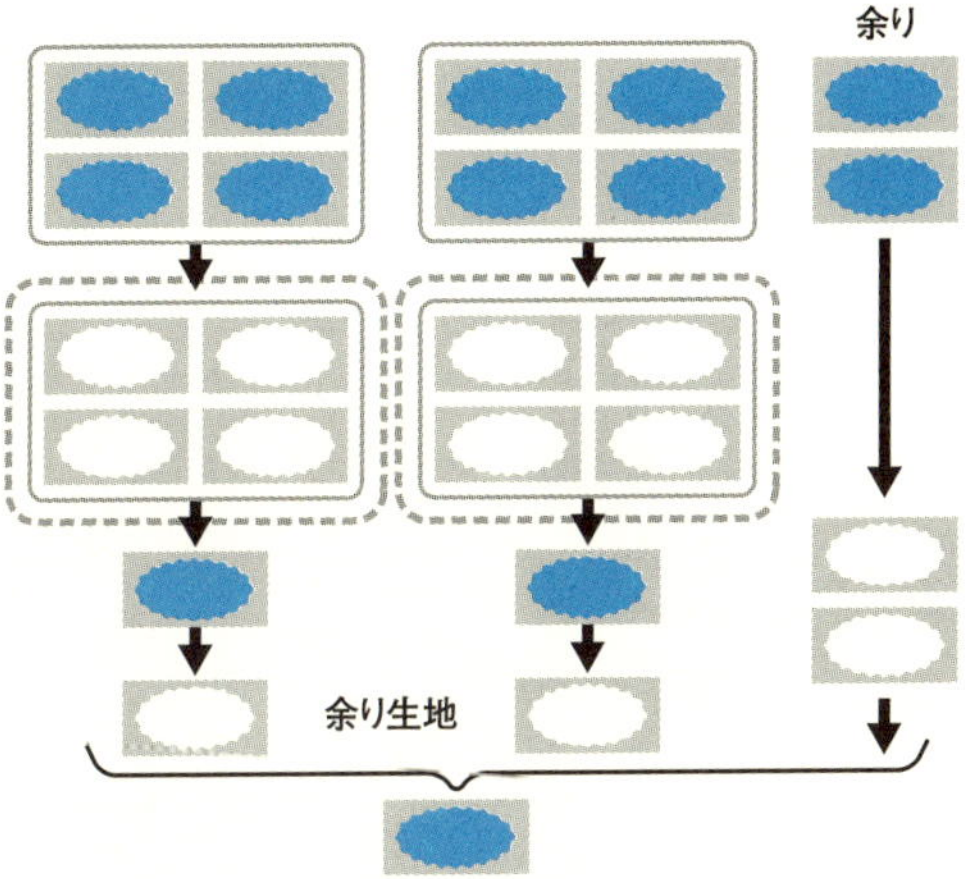

＊図は頭を助けるツール

ここで、あらためて図解するメリットを考えてみましょう。

図1には、生地4個をグループ化する囲み線や、その4個から新たに1個ができる「変化」を意味する矢印、さらには、新たにできた2個と、最初の余り2個を寄せ集めるカッコが使われています。

このうち、「変化」を意味する矢印には、図2のような意味があります。いったん余り生地ができて、それが4個集まって、新たな1個に変わるといった情報（破線部分）が含まれているのです。

矢印1つに、これだけの情報がある。それが、わかりやすい理解につながるのです。

11 頭を活性化する「マトリックス」の不思議

図解には、表にすることが含まれます。

ビジネスでは、戦略的な分析ツールとして定型化されたさまざまな表があります。

たとえば、マトリックス型の表。

ヨコ軸とタテ軸に同系列の項目を並べ、ヨコ軸の項目とタテ軸の項目が交わる部分に、それぞれの項目を満たす数値などを記します。

次の問題は、示された条件をどのようなマトリックス型の表にするかが問われます。

ヨコ軸とタテ軸、それぞれの項目は簡単に配置できます。

しかし、項目が交わる部分に入る数値が一部しか示されていないので、残りの空白欄をどう埋めていくか、思考力が求められます。

条件には書かれていない、数値同士の関連性をどう読み解くかがコツです。

ハンカチとティッシュの謎

新入社員の男子社員20人の身だしなみチェックをしました。すると、

①ハンカチを持っていたのは、全部で13人でした。
②ティッシュを持っていたのは、全部で9人でした。
③両方とも持っていなかったのは、6人でした。

さて、両方とも持っていたのは、何人だったでしょう？

答え

8人

ハンカチ＼ティッシュ	持っている	持っていない	合計
持っている	ゴール		9
持っていない		6	
合計	13		20

＊素直に表をつくってみる

ヨコ軸をハンカチ、タテ軸をティッシュにし、それぞれに「持っている」「持っていない」の2項目を配置して、合計欄を設けます。

そして、問題文に提示された数値をすべて記入すると、上の図のようになります。

これでマトリックス型の表が完成です。

＊考え方のプロセスを明らかにする

次に空欄を埋めていく作業です。

ゴールは、表の左上のハンカチとティッシュを持っている欄に入る人数を割り出すことです。

まずハンカチを持っていない人の合計は、

ハンカチ ＼ ティッシュ	持っている	持っていない	合 計
持っている	8	1	9
持っていない	5	6	11
合 計	13	7	20

全体の合計人数からハンカチを持っている人を差し引けばいいので、20－13＝7人。

この7人から、ハンカチもティッシュも持っていない6人を引く。

すると、ハンカチを持っていなくて、ティッシュを持っている人数が出ます。7－6＝1人。

その1人を、ティッシュを持っている人の合計9人から差し引く。

すると、ハンカチとティッシュを持っている人が、9－1＝8人とわかります。

他の空欄を埋めると、上の図になります。

表にすることで、プロセスが具体的に見え、ラクに解くことができます。

ぜひコツをつかんでください。

12 考える力をつける「パズル」を体験！

次は、パズル問題です。

まず、考え方の方針が立てられるかがコツです。なぜ、その方針をとるのか、論理的な理由がなければなりません。

また、別の方針をとったとき、その方針ではなぜダメなのか、その検証が必要になります。

このようなパズル問題は、できてしまえば、解答を見なくても、自分の目で「これが正解だ」とわかります。

しかし、正解がそれしかないかどうかは別問題。

「これしかない」と言い切るためには、考え方の方針と検証結果を誰が聞いても納得できるように説明できなければなりません。

何個、切り取れる？

A、Bの2つの形を下の方眼紙から、それぞれできるだけ多く切り取りたいと思います。何個ずつ切り取れますか？

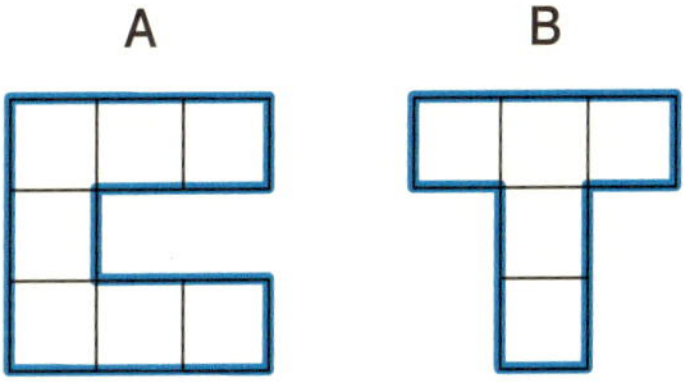

答え

Aが4つ、Bが4つ

＊ワンセットのユニットで考える

凸凹のあるA、Bの形を方眼紙から「それぞれできるだけ多く」取るためには、ムダな切り取り方はしたくありません。ムダができるというのは、たとえばAとBを組み合わせたとき、図1のようなムダなスペースができることです。

図2のように組み合わせれば、ムダなスペースは生まれません。頭の中で、Bを90度傾けてAに合体する操作ができるのが理想です。

このAとBのユニットを方眼紙に配置すると、図3のような配置でピタリと収まります。ここで、Aが4つ、Bが4つという答えが導きだせます。

では、答えはこれだけでしょうか？　別の方針として、Aを2つ組み合わせる図4のような合体も考えられます。しかし、そのあとどう組み合わせても、図5のようにムダなスペースができてしまいます。AとBをできるだけ多く取れるのは、図3のケースしかないということになります。

検証作業をいとわず、「答えはこれしかない！」と言い切れることが大切です。

図1

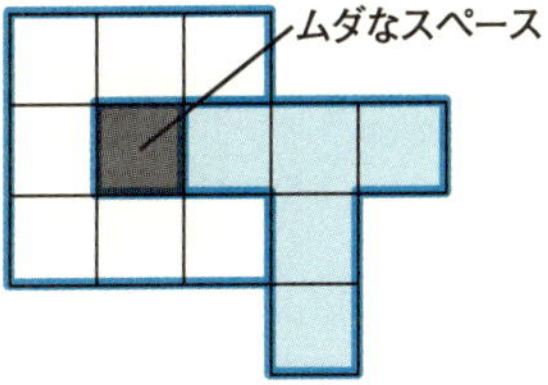

図2

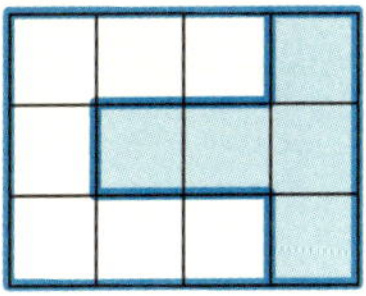

図3

図4

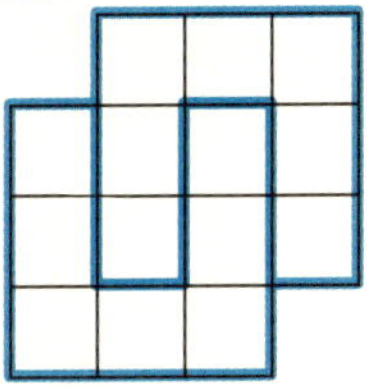

図5

13 MECE（ミッシー）モノの見方がガラリと変わる！

これまで「場合分け」という言葉が出てきました。

ある条件下で想定される、すべてのケースを論理的に検証する作業のことです。

その場合分けによって、想定される並び方の数を問う問題を、「場合の数」と言います。場合の数は、次の問題のように中学受験でよく出題されます。

場合の数が重視されるのは、あらゆる学習や、日常的なモノの考え方として、必須になる論理思考の根本原理が問われるからです。

ビジネススクールで論理思考を学ぶ際には、MECE（ミッシー）という考え方が出てきます。MECEとは、Mutually Exclusive, Collectively Exhaustiveの頭文字で、「漏れなくダブリなく」という意味です。

次の問題は、漏れなくダブリなく作業する方針を立てられるかがポイントです。

ズバリ、あなたは○？ ×？

下の5つの枠全部に○か×を1つずつ、次の規則にしたがって書きこみます。

規則1　○が×より多い。

規則2　3つ以上同じものは続かない。

このとき、異なる書き方は何とおりありますか。

（早稲田実業学校中等部）

答え

8とおり

＊スタートが大切

まず、考え方の大枠の方針を立てます。

「規則1」にある「○が×より多い」のは、（1）○が4つで×が1つの場合と、（2）○が3つで×が2つの場合があります。

この2つの場合について、○と×の並べ方を考えていくことにします。ただし、「規則2」の「3つ以上同じものは続かない」という条件を忘れてはいけません。

＊きめ細かさを忘れずに

（1）の場合については、3つ連続しない○の配置は、

①○○×○○、しかありません。

では、（2）の場合はどうでしょう？　次のようにさらに場合分けして検証していくことができます。

最初に○が2つ続くケースについては、

①	○	○	×	○	○
②	○	○	×	×	○
③	○	○	×	○	×
④	○	×	×	○	○
⑤	○	×	○	×	○
⑥	○	×	○	○	×
⑦	×	○	○	×	○
⑧	×	○	×	○	○

②○○××○　③○○×○×

この2つの場合しかありません。

次に、○が最初に1つだけのケースは、

④○××○○　⑤○×○×○　⑥○×○○×

この3つの場合だけです。

さらに、最初に○がこないケースは、

⑦×○○×○　⑧×○×○○

この2つの場合しかありません。最初に×が2つ並ぶケースは、そのあとに○が3つ並ぶので、規則2と矛盾します。

これまで挙げたケースをヨコに並べて書くと、上のように8とおりになります。

「漏れなくダブリなく」は、方針が立てられて初めて可能になることを忘れないでください。

14 「出題者のココロ」を読む法

「要約」と聞いて思い浮かぶのが、文章の要約です。長い文章の要点をとらえて、コンパクトにまとめる。ただし、短く圧縮するだけでなく、全体像をとらえて、筆者がもっとも言いたいことを的確に把握して書かないといけません。

じつは、算数の問題を解くうえでも、この要約は重要です。

問題を解く作業は、いわば出題者との対話です。

「出題者は、要は何を考えさせたいのか」——その意図を要約してとらえなければいけません。

これは、日頃の対人関係でも同じですね。「あの人は何を言いたいのか」と、要約できれば、コミュニケーションがよりスムーズになります。

そんな要約の力を問うのが次の問題です。

アリの通り道のワナ

とてもお腹のすいたアリが、遠くに砂糖を見つけました。階段状になったタイルの上をどう進めば、一番の近道になるでしょうか？ 下の図に書き込んでください。このアリは飛べませんが、自由に動くことができます。

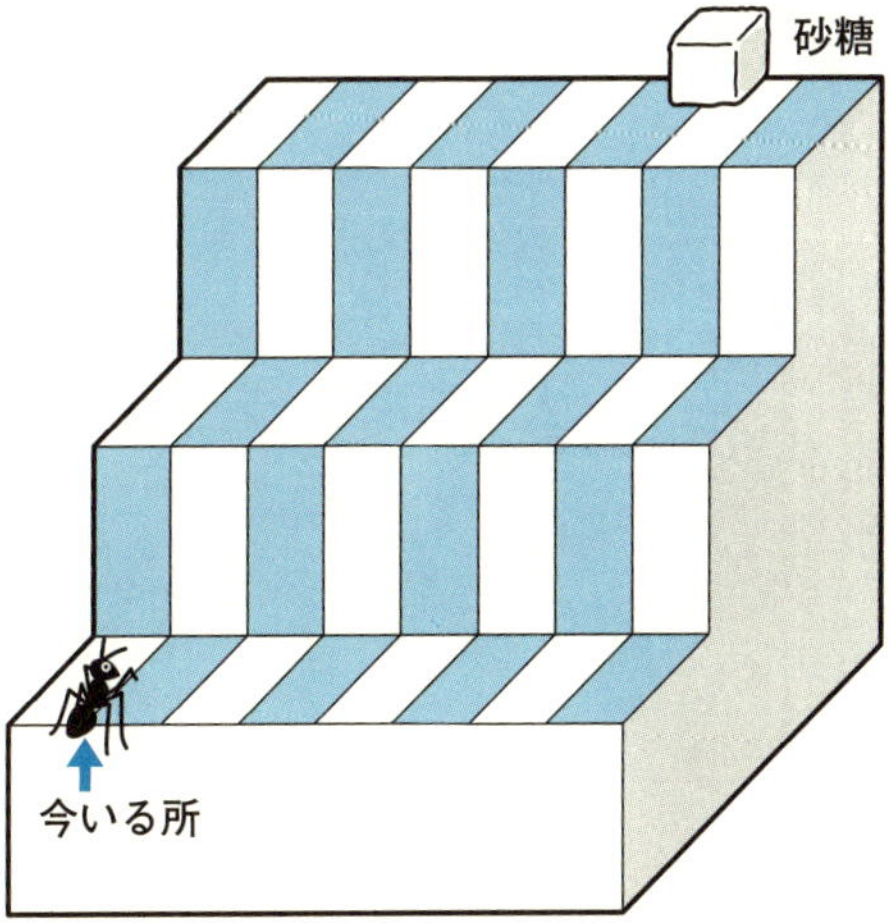

答え

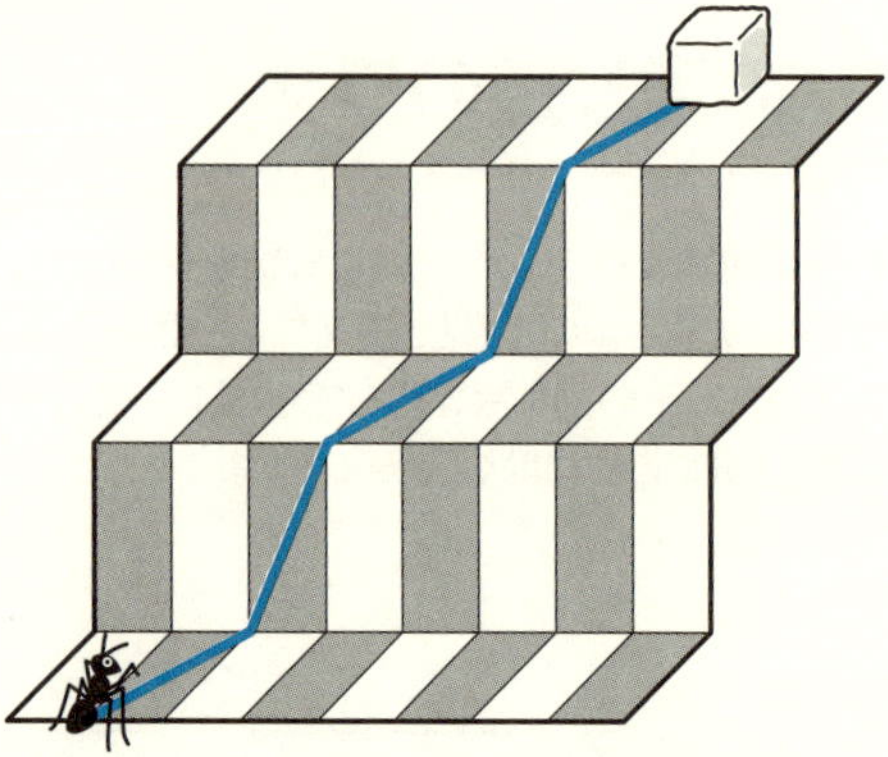

＊問題文にヒントがある！

答えは上のようになります。簡単な問題ですが、少しとまどった人がいたかもしれません。

まず、問題文の精読は必須です。「自由に動くことができます」とわざわざ言っているのですから、長方形のタイルを斜めに進むことができる。

そう考えれば、色のついたタイルを斜めにたどって、上のようなルートを書き記すことができます。

ただし、このルートの発見には、もっと大胆で、しかも、算数の図形問題の王道というべき考え方があるのです。

何だと思いますか？

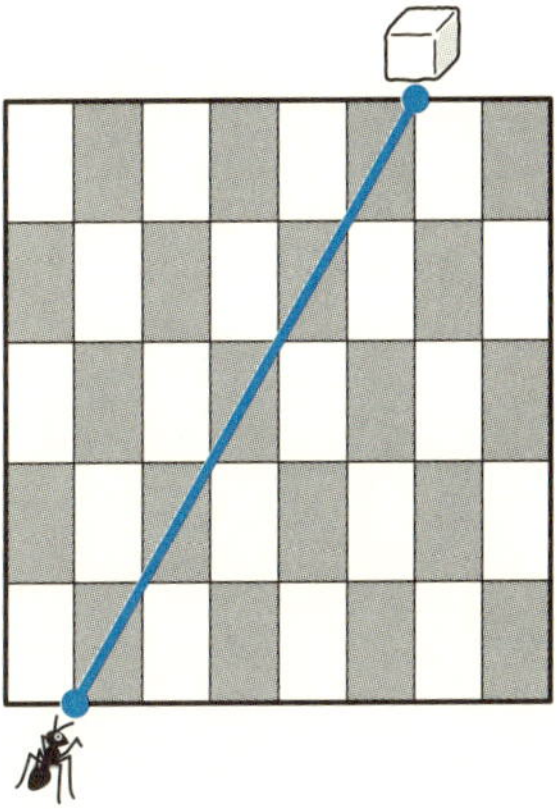

＊難しいことをスパッと簡単に

結論を先に言うと、「立体は平面で考える」という考え方です。

階段状になっている問題に示された立体図。これを、伸ばして平面にすると、上の図のようになりますね。

この平面図で、砂糖とアリの最短距離を考えるなら、その2点を結ぶ直線ということになります。

実際にこのような平面図をていねいに描かなくても、「要はこういうことか」と、頭の中でパッと要約できるようになるといいですね。

難しそうなことを、簡単な形にする。具体化力の1つと言っていいでしょう。

15 立体問題はまさに「頭の体操」だ！

「暗黙知」と「形式知」という言葉があります。

暗黙知とは、経験によって体得した感覚的な知識。一方、形式知は、文章や図表、数式などで説明できる明示的な知識です。

算数の世界は形式知です。

しかし、文系の人の中には、算数を暗黙知のようにとらえている人がいて、「自分は算数のセンスがないから」と口にします。しかし、算数の力は先天的なものでもなければ、感覚的なものでもありません。

本書で紹介しているのは、センスを気にせずに向き合える問題ばかりです。

次の問題は、「苦手」と言う人が多い立体問題ですが、具体化する力さえあれば、ちゃんと解ける問題です。

とんがり帽子の秘密

下の図のようなとんがり帽子（三角錐《すい》）があります。底辺の円周にある1点Aにひもの一方の端を固定して、帽子のまわりをクルリとまわして、ひものもう一方の端をAにもってきます。

ひもを一番短くするには、何㎝にすればいいでしょうか？

※円周を求める公式は、直径×円周率（π）でしたね。

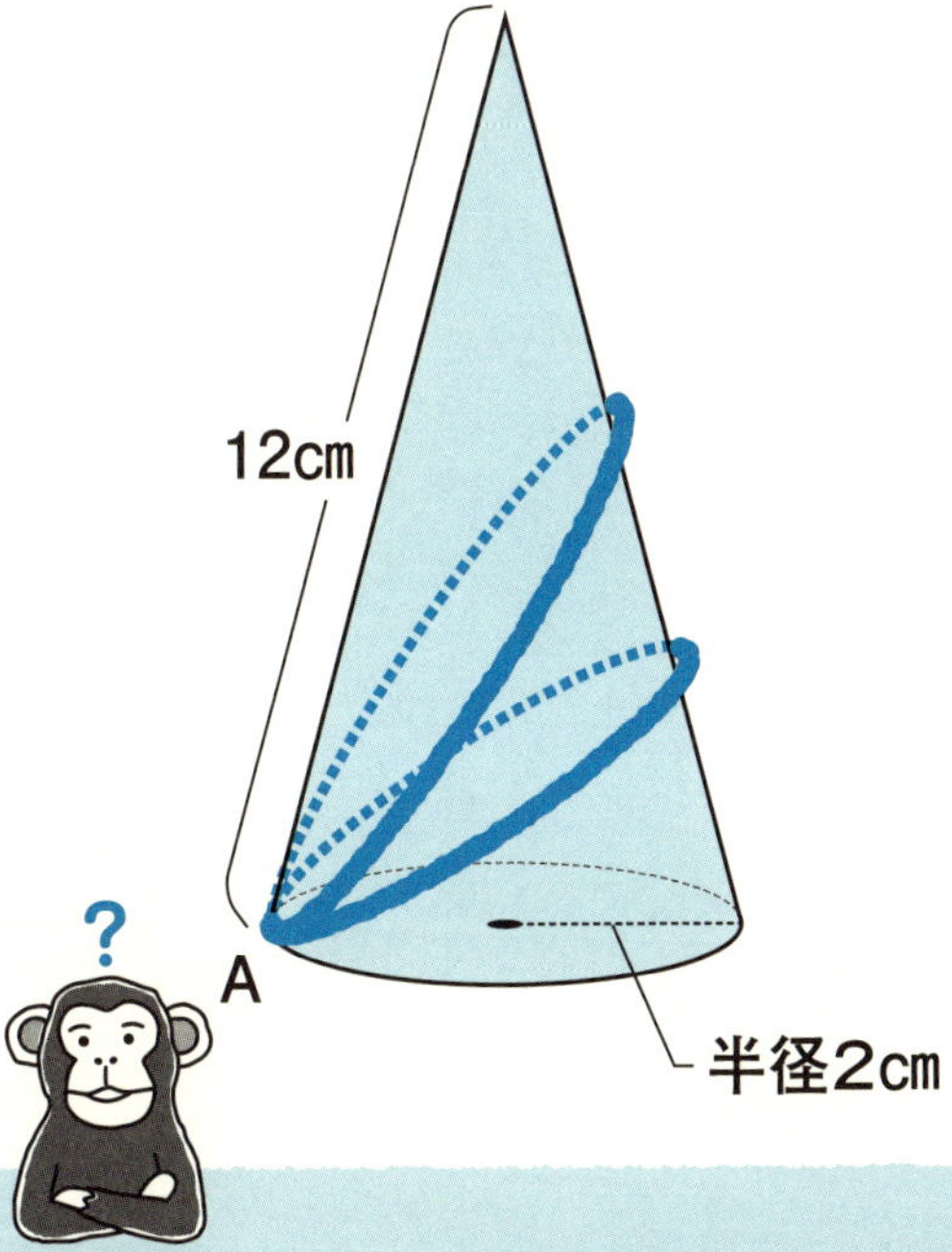

答え

12cm

図1

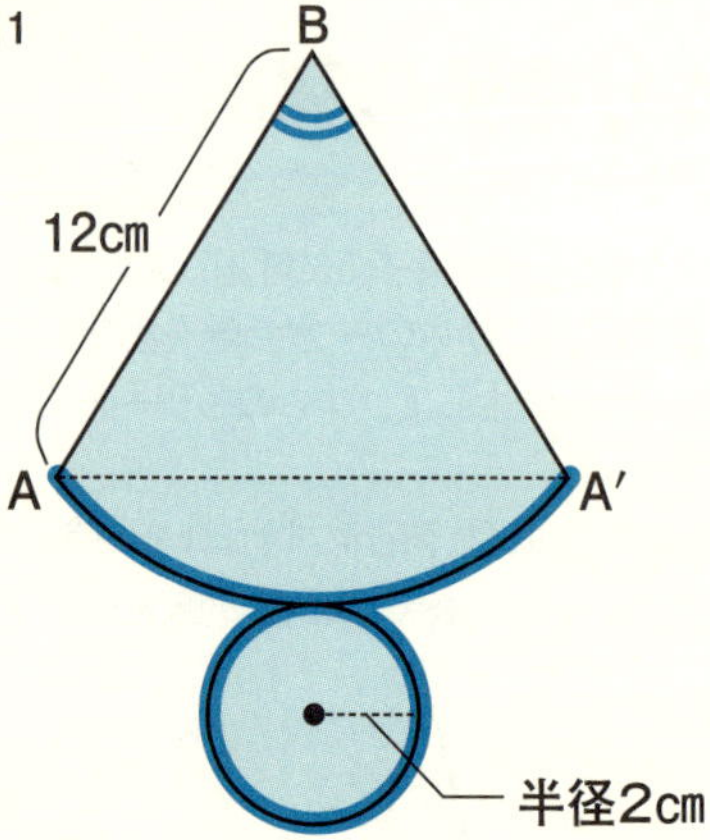

＊「一番短い長さ」の意味を考える

思いあたることはありませんか？

そうです、「立体は平面で考える」。これがコツになります。

とんがり帽子の三角錐を平面の展開図にすると図1のようになります。A′は、展開図を元に戻したときにA点と重なる点です。

A点に固定されたひもが円錐の側面を回ってA点まで戻ってきたときの最短の長さは、AとA′を結ぶ直線です。

このことに気づけば、答えはほぼ見えたも同然です。

＊同じ長さになる部分に着目

展開図を描くと、三角形BAA′は正三角

形のように見えます。

だから、直線ＡＡ´は12㎝なんていうのはＮＧ。正三角形であることを証明しなくてはいけません。

まず、ヒントとして、問題文末尾で、わざわざ円周を求める公式を言っているわけですから、円周の一部である円弧ＡＡ´の長さを出してみましょう。

・円弧ＡＡ´は、底辺の円周と同じなので、（２×２）×π＝４π

この円弧ＡＡ´が、点Ｂを中心とする半径12㎝の円周の何分の１かがわかれば、角度ＡＢＡ´がわかります。

・点Ｂを中心とする半径12㎝の円の円周は、（12×２）×π＝24π

・円弧ＡＡ´が半径12㎝の円の円周の何分の１かを求めると、４π÷24π＝$\frac{1}{6}$

・ゆえに、角度ＡＢＡ´は３６０度の$\frac{1}{6}$、つまり角度ＡＢＡ´は３６０÷６＝60度

三角形ＢＡＡ´は、角度ＡＢＡ´が60度で、ＢＡ、ＢＡ´の２辺が等しいので、正三角形になる。ゆえに、直線ＢＡとＡＡ´は等しい。ＡＡ´は12㎝になる。

得体の知れない暗黙知のような世界も、立体を平面にするという形式知を使えば、こんなふうに、突然視界がパッと開けてくるというわけです。

3章

見えないものが見えてくる「空間認識力」のすごさ！

16 裏の裏が読める大人のドッキリ算数

この章のテーマは、「イメージ力」。

なにかを想い浮かべる力です。想像力を働かすという意味では、「思う」ではなく「想う」が合っています。

たとえば、立体の図形をイメージするとします。見えない立体の裏側までイメージするには、空間を認識する力が身についていないと、なかなかうまくいきません。

この「空間認識力」は、イメージ力の1つ。算数の問題を解く場合だけでなく、日常生活の場面でも必要になります。

次の問題は、その空間認識力を問う問題です。

センスがなくても、コツさえつかめれば、スイスイと解けるはず。ラクして空間認識力を身につけるコツを確認してみましょう。

魔法の筒はどれ？

下の左側にタテに並んだ図があります。これらの図をクルリと巻いて、つなぎ目であわせて筒にしたとき、どんな絵になるでしょうか？　A～Dの候補の中から、正しいと思うものに○をつけてください。

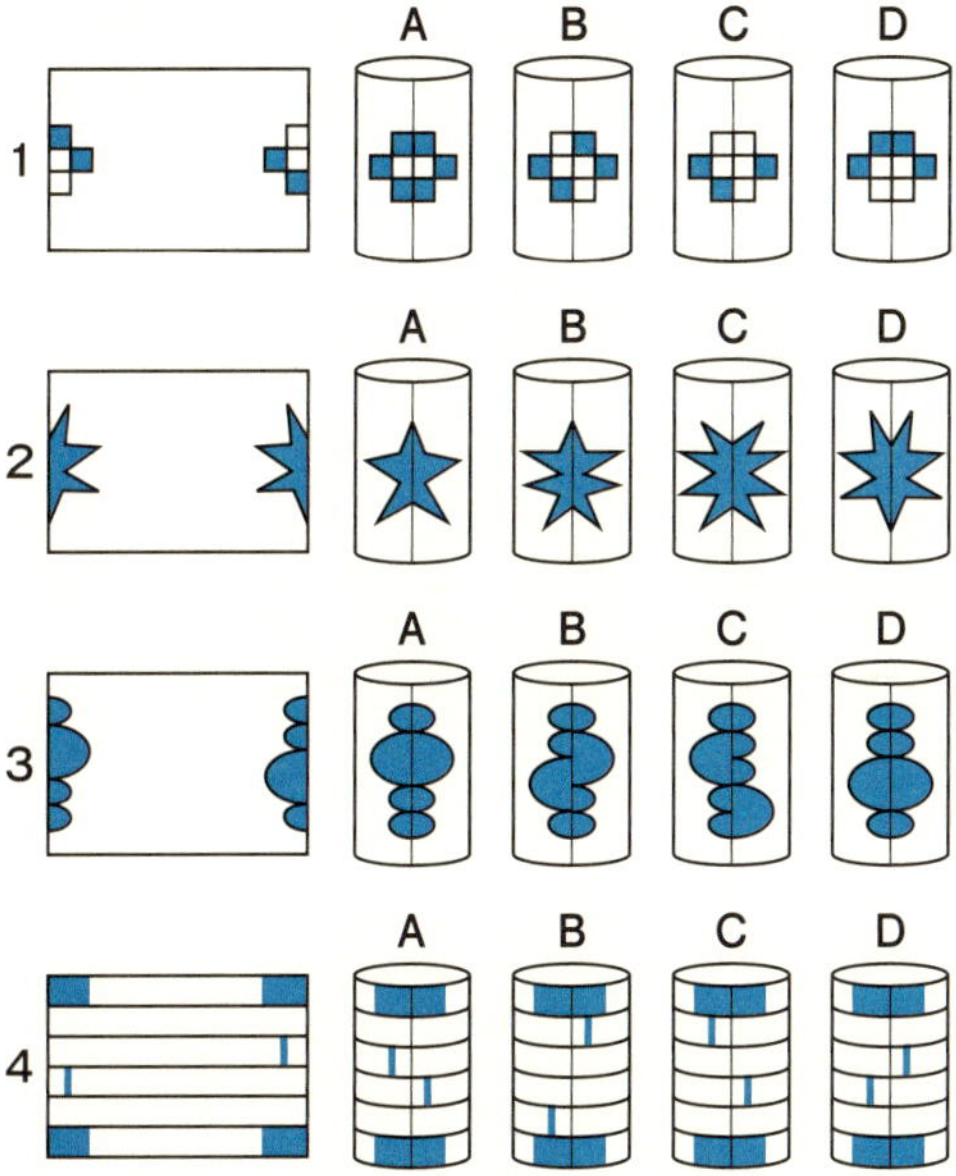

答え

1 B
2 D
3 B
4 A

＊見えない裏側を想像できなくてもOK

平面図をクルッと回して立体（筒）にしたときの「裏側のイメージ」が問われています。ただ、筒そのものを想い浮かべようとすると混乱します。

平面図の片方の絵柄を平行移動させて、もう一方と合体すれば、裏側から見た状態と同じになる。空間を平面に置き換えて、認識することができるのです。

とはいえ、頭の中でこれをイメージするのは、やっぱり苦手という人もいます。

では、どうすればいいのでしょうか？

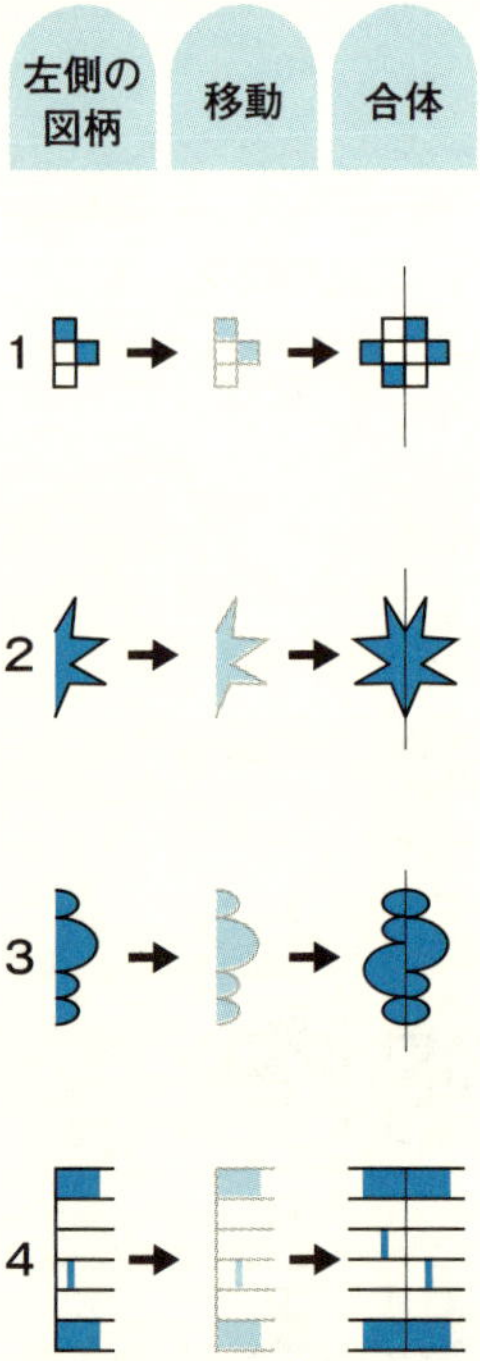

＊比べて違いを見つけてみよう

イメージ力を補うコツは、細部を観察すること。他と比較して、特徴あるところに着目すればいいのです。

たとえば、1の図。一番上の四角が左右で青と白になっているところに着目します。2の図の着目点は、一番下の星のとんがりが1つで下に向かっていること。3の図は、平面図の半円に着目。右側は上から「小」「小」「大」「小」、左側は上から「小」「大」「小」「小」になっています。そして、4の図は、平面図右側のタテ棒が上から3段目にあることに着目すれば、答えを見つけるのは簡単です。

難しいイメージ操作をしなくても、ラクして空間を認識することができますね。

●各図の着目点

1
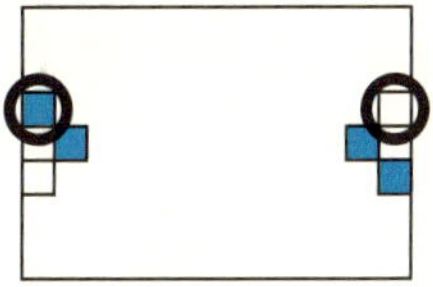
左右で青と白

2
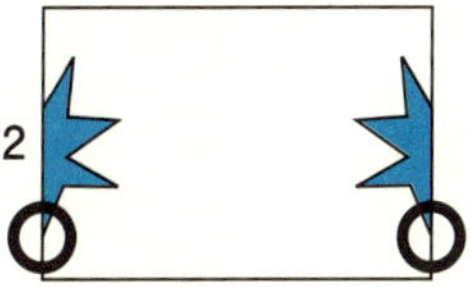
合体すれば、
下向きの1つのとんがり

3
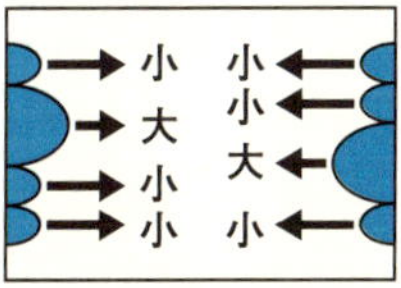

半円の大小に着目

4

右側のタテ棒は上から3段目

17 誰でも「3次元イメージ」を操れる!?

実際に頭の中で、図形を動かすイメージ操作をしてみましょう。

次の問題は、ある形の紙を2回折ったときの形が最初に示され、それを元の状態に開いたときにどうなっているかを問うものです。

描かれた2次元の世界に、折りたたむ・開くという3次元のイメージ操作が加わるので、立体のときのようなイメージ力が求められます。

じつは、このようなイメージ力は、小さいころの体験が役に立ちます。

積み木や折り紙だけでなく、野外でカラダを使った遊びを数多く体験してきた人は、イメージ力に優れている。これは、長年子どもたちを指導してきた私の実感です。

ただし、大人になってからも、コツさえわかれば大丈夫。

まずはあえて手を動かさず、頭の中のイメージ操作だけで解いてみてください。

開いたらポン！

下の左側にタテに並んだ3つの図があります。1枚の紙を半分に2回折りたたんだときの図です。

開くと、どんな形になるでしょうか？

AからDの中から、正しいと思うものに○をつけてください。

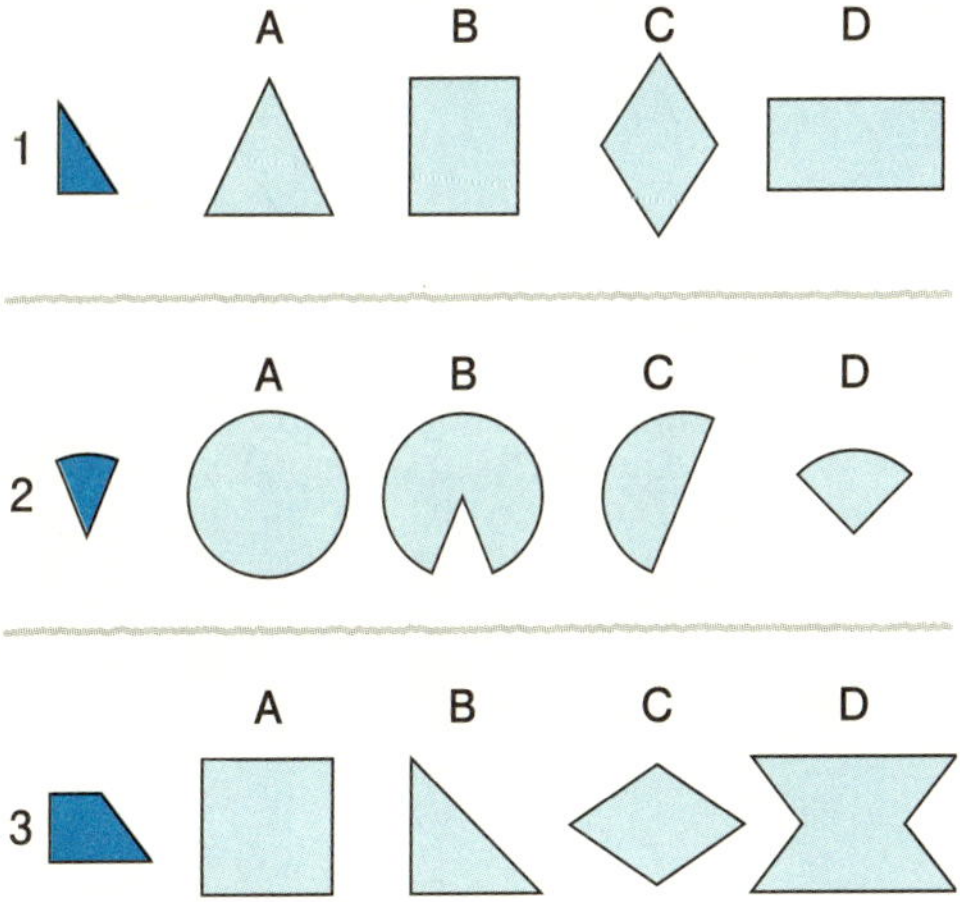

答え

1 C　2 C　3 D

＊解くカギとなる線はどこ？

図形問題のコツは、解くカギとなる部分をパッと見極めることです。

この問題の場合、どれが1回目に開くときの谷折り線かを見極めること。

1の問題では三角形のタテかヨコの直線。2の問題では扇形の2つの直線のどちらか、3の問題では上辺か左辺のどちらかの直線が、1回目に開く谷折りの線です。

問題1、3については、2回目の開き方を考える際も、どれが谷折り線になるのか、見極める力が必要になります（図1参照）。

図1

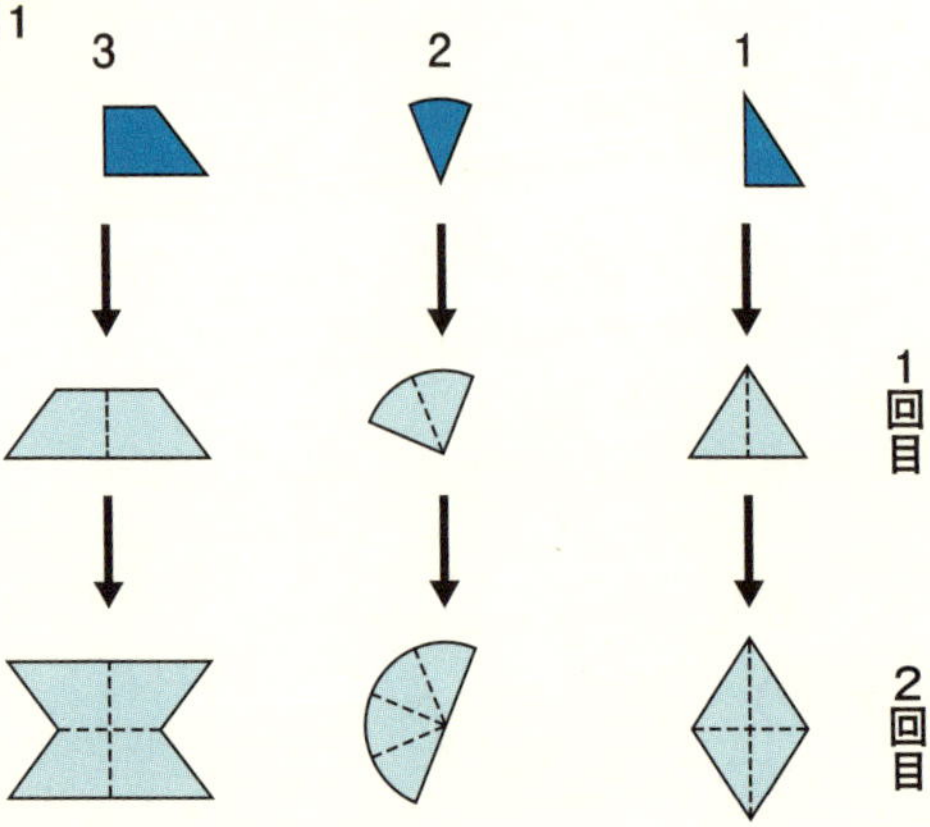

＊イメージが苦手な人は手を動かそう

もう1つ別なやり方があります。こちら

図2

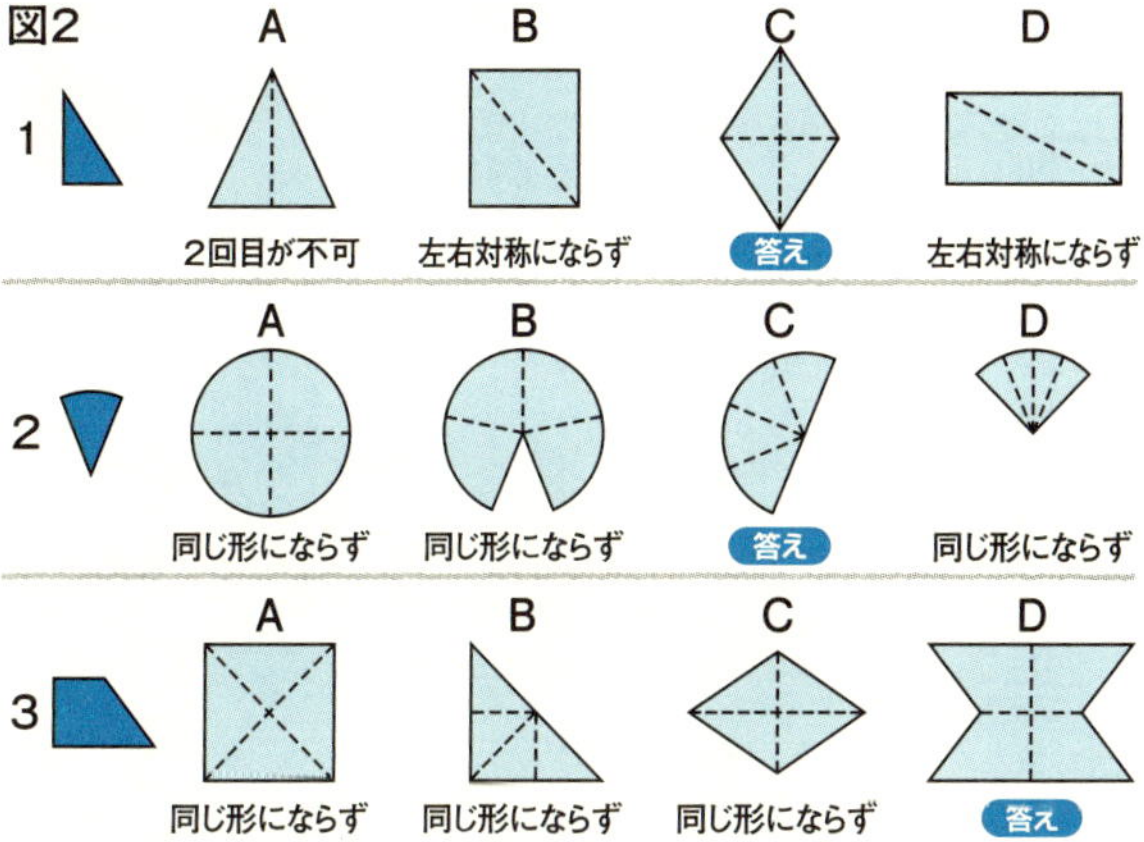

は、手を動かす方法です。

各問題で選択肢として提示されている4つの図それぞれについて、まず、折って左右対称になる線を引きます。

それができた図については、最初に2分割された領域をさらに左右対称にする線をもう1本引く。

そうして4分の1になった部分が、左端の2回折ったものと同じになれば、その図が答えということになります（図2参照）。

手を動かすのは、少々手間のかかる作業です。

ただし、イメージ操作が苦手な人にとっては、着実にゴールにたどり着ける方法としておすすめです。

18 そのとき・その場所に「何人」いた？

イメージ力の1つである空間認識力は、場の状況を俯瞰《ふかん》する力、「場を読む力」に通じます。

たとえば、オフィスで雰囲気を把握したり、会議の進行を理解したり。

その「場」の中には、当然のことながらその場にいる「自分」が含まれています。

全体の中で自分はどういうポジションにいるのか、全体の流れの中でどういう役割を果たしているのか――。

自分を客観視できるようになると、場を読めるようになります。空間認識力が身についてきます。

次の問題は、空間認識力の奥深さを感じさせるものです。

場の状況を俯瞰するには、日常感覚に裏打ちされた観察力がポイントです。

何人で旅行した？

仲良しグループで旅行に行きました。そのとき、AさんとBさんが同時にグループの人たちを撮った写真があります。

何人で旅行に行ったのでしょう？

Aさんの写真

Bさんの写真

答え

10人

Aさんの写真

Bさんの写真

*落とし穴に気をつけて

この問題では、写真が撮られた場の状況を俯瞰する力が問われます。

「俯瞰」と言うと難しく聞こえるかもしれません。まずは、写真の内容をじっくり理解することが出発点です。

言わば「写真の精読」です。

最初に、同時に撮った写真に同じ人物が写っていないかどうかをチェック。

服装やポーズに着目すると、上に印をつけたように、3人が両方の写真に写っていることがわかります。そのダブッている人数を除外して、AさんとBさんの写真に写っている人数を数えると、全部で9人。

これが、答え？　ではないですね。もう

1つ、大事なポイントがあります。

＊「鳥の目」で見てみよう

忘れてならないのは、写真を撮った本人のことです。写真を撮ったAさん、Bさんは、はたして、先ほど数えた「9人」の中に入っているのでしょうか？

もう一度、写真を見てみましょう。

まず、Bさんの写真には、カメラをもっている人物が写っています。Aさんが撮った写真と照らし合わせてみても、Bさんの写真に写っているカメラをもつ人物がAさんであることは間違いありません。

一方、Aさんが撮影した写真にはカメラをもっている人物は写っていません。つまり、先ほど数えた人数にBさんは含まれていないということです。

よって、全体の人数は、9＋1＝10人ということになります。

すぐれたプロサッカー選手の頭には、いつもピッチの俯瞰イメージがあると言われます。

さて、あなたの俯瞰する力はどうでしょうか？

19 「植木算」で時間感覚を磨いてみよう

算数の問題では、問題文の読み落としや問題図の見落としがあってはいけません。それを防ぐ注意力を支えるのは、算数感覚より日常感覚だったりします。

次は、日本に伝わる和算「植木算」の問題。日常の場面をイメージする力が必要になってきます。

植木算とは、木を植える間隔や、植える木の本数、端から端までの長さなどを求める問題です。

日常生活では、距離だけでなく、時間でも植木算の感覚が問われます。たとえば、薬を飲む回数と薬を飲む時間の間隔との関係、定期的に開かれる会議の回数と間隔日数との関係などは、植木算の世界です。

算数の思考力は、日常と深く結びついていることを再認識しましょう。

おまわりさんに注意！

❶道におまわりさんが3m間隔で立っています。おまわりさんが10人いるとき、端から端まで何mありますか?

❷家を10m間隔で建てました。端の家の中心地点から端の家の中心地点までが150mあるとき、家は何軒建っていますか?　ここでいう間隔とは、家の中心地点から家の中心地点までの距離です。

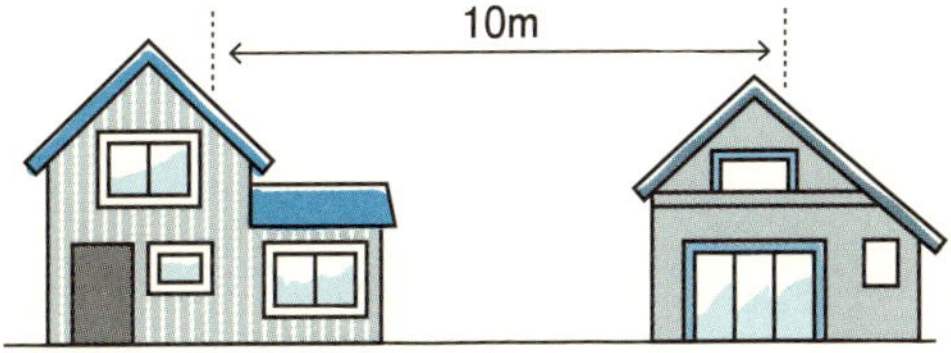

答え

❶27m　❷16軒

＊自分の手を見てみよう

まず、問題❶はどうでしょうか？

植木算のコツは、間隔を区切る事物と間隔の数の関係を正しく理解することです。区切る事物には両端にあるものが含まれます。手を見ればわかりますが、指の数5本に対して、間隔の数は4つ。

直線的な距離の場合も同様で、「間隔の数＝区切る事物－1」という原則が成り立っています（円の場合は「間隔の数＝区切る事物」となる）。

この基本原則を前提とすれば、解答はラクラクです。

・おまわりさんが10人立っているので、その間隔は1少ない9。

・おまわりさん同士の間隔は3mなので、全体の距離は、3×9＝27m。

＊パターン思考にならないよう要注意

❷も考え方は❶と同様。求めるのは、両端も含めた区切る事物の数（ここでは家の

間隔は人数より１少ない

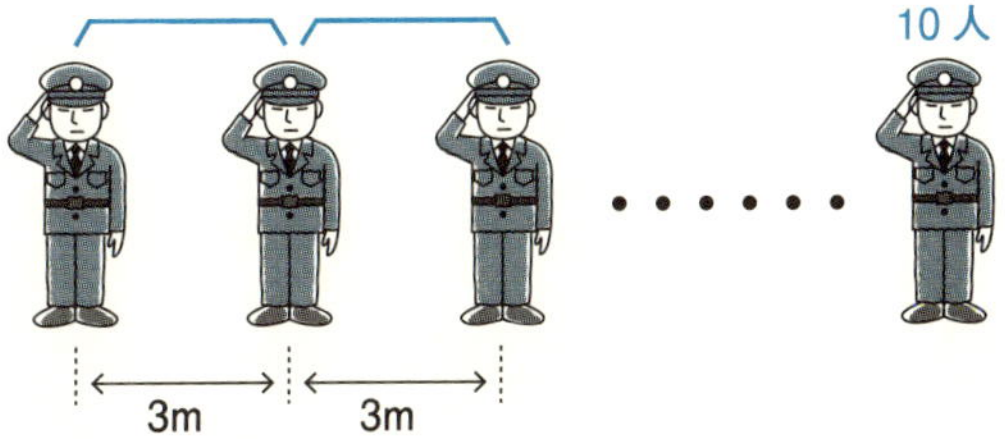

数）です。

・まず、間隔の数を求めると、全体が１５０ｍで、１つの間隔が10ｍなので、

　１５０÷10＝15

・区切る事物の数は、これより1多いので16。つまり、家の数は16軒というわけです。

　植木算で求められるのは、難しい算数感覚というより、日常感覚。現実を踏まえた、ちょっとした注意力があればいいのです。

　ありがちなのは、全体が１５０ｍ、間隔が10ｍと知って、ならば答えは、１５０÷10＝15、と思い込んでしまうこと。

　これは、とにかく割り算すれば答えが出ると、パターン化した思考が染みついているからですね。

20 「未来を予測する」コツがある？

「植木算」という名称がついているのは、実際に植木の本数と間隔の数との関係について、かつて考えた人がいたからです。現代の日常生活でも、植木算的な場面に直面することは多々あります。

たとえば、「創立10周年」といったら、創立した年を含めて数えるのか含めないのか。駅のホームで、誰かに「○○駅はいくつ目で下りればいいですか？」と尋ねられたときに、今いる駅を含めた数で答えるのか、含めない数で答えるのか……。

そんなことに直面したとき、そこでふと立ちどまって考えるかどうかで、頭の鍛えられ方がまったく違ってきます。

次の植木算の問題。算数が机上の学問でなく、日常生活と密接にかかわっていることを実感してみてください。

花火がドッカーン

ドッカーン……ドッカーンと花火が上がっています。時計で花火の上がる間隔を計ったら、決まったように等間隔でした。５発上がるのに、１発目が上がってから40秒かかりました。

❶10発上がるのに、何秒かかりますか?

❷2分では、何発上がりますか?

答え

❶90秒　❷13発

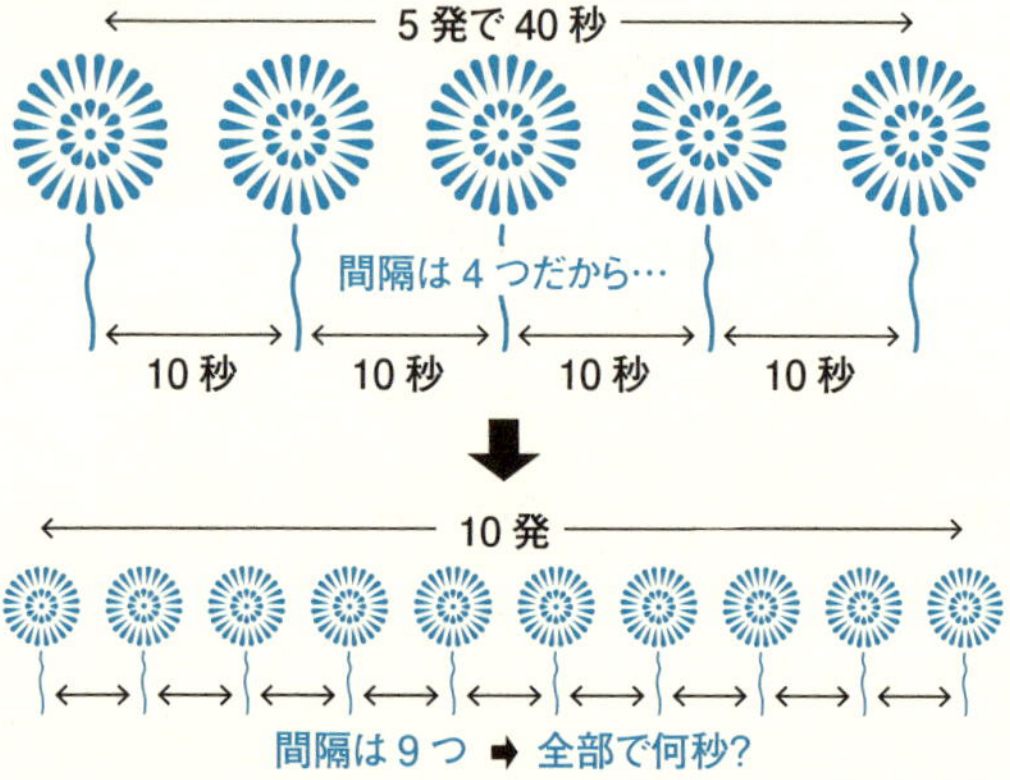

＊あわてずにイメージする

まず、❶です。

「5発上がるのに40秒かかった」とあるので、花火と花火の間の秒数を割り出せます。

・間隔の数は5発より1少ない4なので、

40÷4＝10秒

・10発上げる場合の間隔の数は9なので、

10発上がるのにかかる時間は、

10×9＝90秒

10発のほうの「植木算」に先に意識が行ってしまうと、最初の5発を考える際に、無造作に「40÷5＝8秒」とやってしまいがち。

要注意です。

「植木算」のコツ、わかりました？

＊意外と無頓着な「日常の数」の数え方

次に、❷の解説です。

・全体の2分（120秒）の中にある間隔の数は、花火と花火の間の秒数は10秒だったので、120÷10＝12

・花火の上がった回数は間隔の数より1多いので、答えは、12＋1＝13発

ということになります。

ところで、問題に入る前に触れた「創立何周年」の数え方。

たとえば2000年4月1日が創立した日だとしたら、2014年4月1日が創立14周年ということになります。「1周年」は創立した日からちょうど1年が満了した日。つまり、10周年という場合は、創立した年に10を足せばいいわけです。

一方、駅の「いくつ目」という数え方は、今いる駅は含めず、次の駅を1つ目として数えるのが正解です。

ただし、相手に誤解を与えないためには、「次の駅を1つ目として、3つ目です」と丁寧に言うのが気づかい。これも日常感覚ですね。

21 「半分」の「半分」の「半分」は?

先の植木算は、日常生活の現実的なイメージが必要となる問題でした。

次の問題も、日常生活によくある出来事を素材にしています。

紙を半分に切って、それを重ねてまた半分に切る。ハサミを使える年ごろになったとき、やったことがあるのではないでしょうか。

そのハサミで切った回数と、枚数との関係性を考える問題です。

紙を半分に切れば2枚、それを重ねてさらに半分に切れば全部で4枚、さらにそれを重ねて半分に切れば8枚……というように、紙を切る回数と合計枚数との間には法則がありそうですね。

いったいどんな法則なのでしょうか?

トライしてみてください。

ハサミは使いよう

紙を半分に切り、重ねてさらに半分に切るという作業を繰り返します。1回の作業で2枚になり、2回の作業で4枚になります。

さて、何回かこの作業を繰り返したあと、全体の厚みを測ったら、16㎜でした。作業は全部で何回行なったのでしょうか?

ちなみに、4回の作業で重ねた厚みは2㎜になります。

答え

7回

＊**出題者のヒントになる一文はどこ？**

ポイントは、問題文末尾の「ちなみに、4回の作業で重ねた厚みは2㎜になります」という一文。

この一文から、紙1枚の厚さが導けそうです。1枚の厚さがわかれば、問題文で示されている全体が16㎜のときの枚数がわかる。全体の枚数がわかれば、枚数と切った回数との関係の法則から、回数がわかってくるという見立てです。

考え方の手順としては、まず、4回切ったときの枚数を考えます。

1回で2枚、2回で4枚、3回で8枚となり、4回では16枚になります。

16枚になる4回の作業時の厚さが2㎜なので、1枚では、2÷16＝0・125㎜。

したがって、全体が16㎜のときの紙の枚数は、

16÷0・125＝128枚

さて、ここで、作業回数と枚数との比較です。書き並べると、左のページの図のようになります。7回目で「128枚」が出てきますね。つまり、答えは7回。

1回	2回	3回	4回	5回	6回	7回
2枚	4枚	8枚	16枚	32枚	64枚	128枚

＊核心にズバリと切り込む

でも、この解き方はまどろこしい気がしませんか？

1回作業が増えるごとに枚数が倍になるということは、厚さも倍になることを意味する――。

ここに気づけるかが、頭がよくなるポイントです。

つまり、「4回で2㎜」なら、5回で4㎜、6回で8㎜、7回で16㎜……。というようにアッという間に答えが出てしまいます。

最初の解き方のように、1枚当たりの厚さを出すのは、考えつきそうです。

ただ、問題文末尾の一文を見たときに、頭をもうひと回転させれば、問われている「作業回数と厚さの関係」にズバッと切り込むことができるわけです。

プロセスのスマートさという点で、やはりこちらの解き方に軍配が上がりますね。

22 「発想の転換」が上手になる問題

法則発見の問題です。一見シンプルですが、実際に向き合おうとすると、かなり気が重くなってくるかもしれません。

問われているのは、「場合の数」。

「場合の数」では、漏れなくダブリなく数えていくために、方針を立てなくてはいけません。また、数える場合がかなり多くなりそうでも、きめ細かい検証作業から逃げられません。

しかし、それにしてもです。

スタート地点からゴール地点までのルートを1つひとつ数える作業は、「やっぱり面倒で、イヤだなぁ」という思いが拭《ぬぐ》えないのではないでしょうか。

じつは、その「イヤだなぁ」という思いが、解き方の出発点なのです。

早く家に帰りたい！

下の図のような道があります。スタート地点からゴール地点に行くのに、もっとも近いルートは、全部で何とおりあるでしょうか？

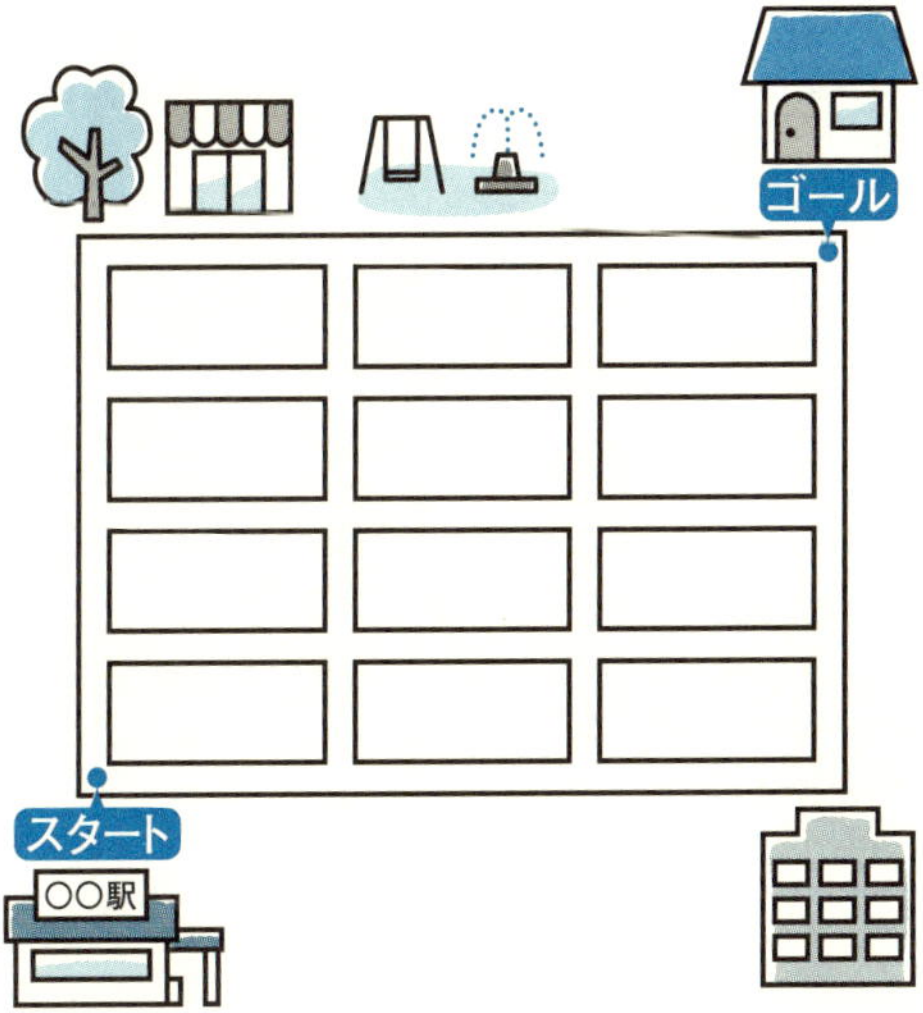

答え

35とおり

＊ラクするための発想の大転換

スタートからゴールまでのルートをまともに数えようとすると、いかにも面倒で、数え漏れが起きそうです。

そこで発想の大転換。スタートではなく、ゴールから考えるのが、コツです。ゴールに来る直前の角は、左のページの図のようにAとBです。そのAとBに来るまでは、それぞれに最短ルートの数があります。

つまり、ゴールまでの最短ルートの数は、Aまでの最短ルートの数と、Bまでの最短ルートの数の和ということができます。

さらに、Aまでの最短ルートの数は、CとDそれぞれに来る最短ルートの数の和。同様に、Bまでの最短ルートも、DとEそれぞれに来る最短ルートの数の和です。

このことから、ある角まで来る最短ルートの数は、直前の角まで来る最短ルートの数の和、という法則が発見できます。

とすれば、すべての角について、その角に来る最短ルートの数を出せば、A、Bに

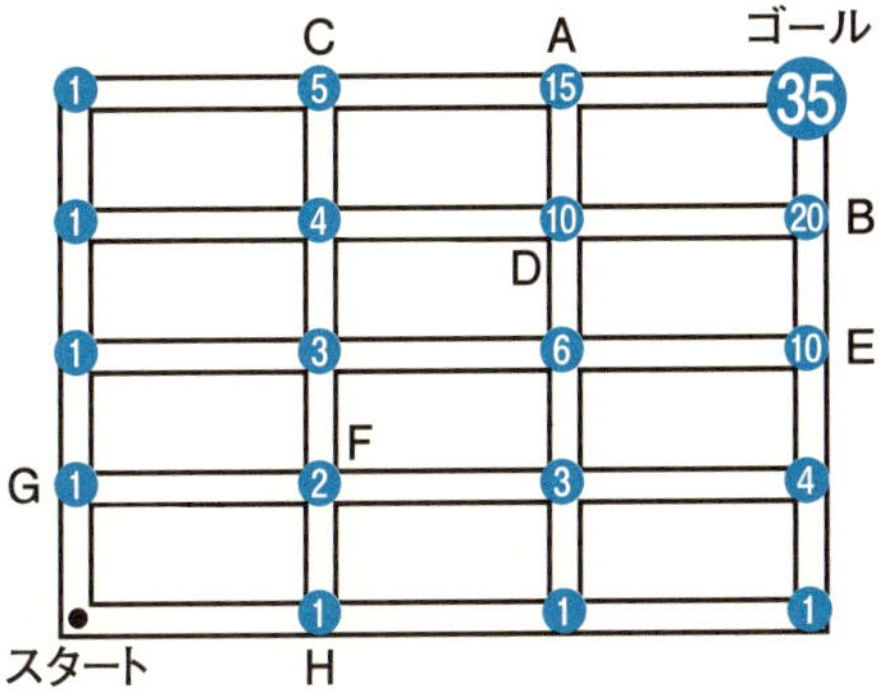

来る最短ルートの数が出せる。
その2つを足せば、ゴールまでの最短ルートの総数になります。

＊相手の立場で考えられる

そこで今度は、スタート地点に戻って考えます。G、Hそれぞれに来る最短ルートの数は1。FまではGの1とHの1を足した2。というように他の角も出していくと図の丸の中の数字になります。

ゴールでの数は、直前の角Aの15と角Bの20を足した35ということになります。

この発想の大転換。日頃の人間関係で求められる、相手の立場になって考えることに通じるところがありますね。

23 これが「見えないものが見える」瞬間だ！

次は、イメージ力問題の最難関、立体問題に取り組んでみましょう。

この章のはじめの問題で、立体的な視点を加えながら、平面図のイメージ操作をしましたね。

次の問題では、立体そのものをイメージ操作することにチャレンジします。

と言っても、これまで学んできた、立体問題に向き合うときの王道を思い起こせば、それほど難しくはありません。ここでは、あえてその「王道」が何かということは言いませんが、賢明な読者の方ならきっと思い出してくれるはずです。

日々の仕事で、言われて思い出すよりも、自分自身の振り返りで気づいてこそ、経験則の血肉化になることをあなたは知っているはずです。

それが、大人の自立的な頭の磨き方になっていきます。

サイコロのトリック

サイコロを下の図のように、タテ5個、ヨコ5個、高さ5個で積み重ねて、すべてノリでくっつけました。そのあと、正面とヨコ面の、図のように黒く塗ったサイコロを向こう側まで切り抜きました。

では、このとき何個のサイコロが切り抜かれるでしょうか？

答え

41個

＊まともにやると頭が混乱!?

立体のままイメージしようとすると、上の図のように、黒塗りのサイコロをトコロテンのように押し出す形になるでしょうね。

しかし、そんなふうに立体をイメージしようとしても、黒塗りのサイコロを抜き出したあとの立体の中をイメージするのは至難の業です。

実際に積み木で同じことをやったとしても、ガラガラと崩れてしまいます。

というわけで、やはり発想の転換が必要のようです。

先ほど、なぞかけのように言った「王道」を思い出しましたか？　立体は平面で考える——。これがコツでしたね。

＊どうすればラクに数えられるか

考えなければいけないのは、黒塗りのサイコロがある2段目から4段目です。それぞれの段を平面図にすると、抜き出すサイコロは左の図のようになります。これなら、難しい立体のイメージ操作などしなくても、わかりやすくなります。

あとは、段ごとにグレー地の数を数えるだけ。すなわち答えは、

9（2段目）＋16（3段目）＋16（4段目）＝41個

立体を平面にするのは、難しい立体イメージを平易化するコツです。

2段目

3段目

4段目

4章

どうすれば今日から、ヒラメキ人間になれる？

24 「あっという間」に答えが！すごい算数テクニック

この章のテーマは、「発想力」です。

発想力というと、偶発的なヒラメキのように思う人がいるかもしれません。でも、どんな独創的なアイデアであっても、その発想が浮かぶ理由があるはず。

歴史に名を残す発明の多くもそうです。

不便を感じる状況があり、「なんとかしたい」という思いが、発想のひきがねになっています。

日常生活で、「あぁ、これ面倒、なんとかならないの？」と思うことがよくあります。

そう思ったときに、ほかの人よりちょっとしつこく考えられるかどうか。ラクな方法をしつこく考えられる人が、発想力豊かな人です。

次の問題は、そんな発想力の基本が試されます。

白熱！　新人研修の男女戦

新人研修で、1つのテーブルに男女がペアになってテストを受けました。結果は、下のような点数でした。グレー地の席が男性、白地の席が女性です。

男性グループと女性グループでは、合計でどちらが何点高いですか？

答え

女性グループが10点高い

＊やらなくてもいい面倒なことはしない

男女それぞれの合計点を出して比較すればいいと、早合点して計算した人……。ご苦労さまです。言ってはなんですが、仕事に手をつけるのは早くても、仕事の締め切りを考えずに、細かい作業にとらわれたりしていませんか？

数字を1つひとつ足していくなんて、あぁ面倒！　と思ったところで、頭をひと回転させなければなりません。

そして、「男女で同じ点数を消していけば、作業を効率化できる！」ことに気づけば、合格。ラクをして成果を手にする、要領のいい発想のコツです。

＊ミスなくラクできる方法を考える

ただし、作業の進め方で、消し漏れがないよう注意しなければなりません。

①まず、男女が同じ点数のテーブルがあれば、「消し」ですね。左の図の太い四角で囲った「8・8」の組み合わせがそれです。

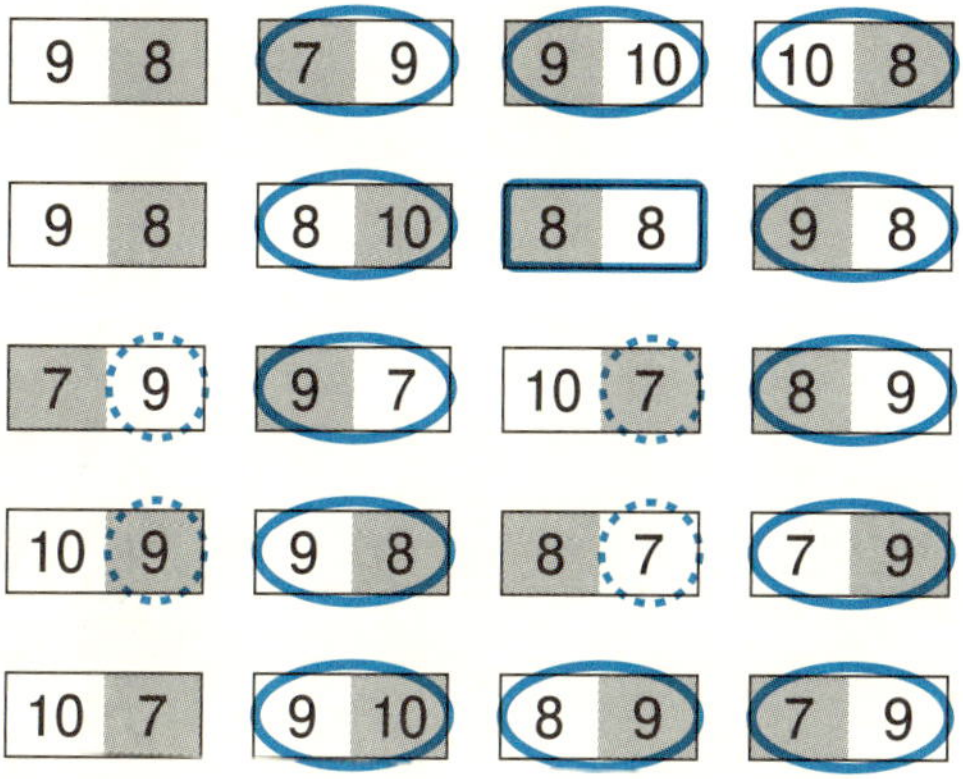

②次は、男女で数字が逆のテーブル。

右端の列の上から2番目と3番目が「消し」です。ほかに楕円で囲ったテーブルも同様です。

③最後に、テーブルが離れているけど、男女の点数が同じもの。破線のマルで囲った数字が「消し」ということになります。

すべてやり終えたところで、残った数字を男女それぞれに出すと、

《男性》8＋7＋8＋8＋7＝38点

《女性》9＋10＋9＋10＋10＝48点

女性グループが10点高い、ということになります。

ラクな方法はないか――。これが発想の原点であることを忘れずに。

25 タテ軸とヨコ軸の「頭のいい読み方」を知ろう

ちょっとした目のつけどころで、面倒だと思えた作業を効率化できる。

この効率性を高める発想は、勉強でも仕事でもつねに求められます。

ただし、ひきがねとなる発想をもてないと、作業の時間短縮はおろか、目的自体を達成できなくなります。

そこで、次の問題にチャレンジです。

個々の長方形の面積の合計を求める問題。長方形の面積と言えば、必要なのはタテとヨコの長さ。と、当然のことが頭に浮かびますが、そこでパタッと思考停止状態になってしまう人がいるかもしれません。

大切なのは、全体を見て、ひきがねとなる発想のコツをつかむことです。

「要はこういうことか」という見極めが問われます。

素敵な花壇の謎

タテ15m、ヨコ20mの長方形の土地があります。その中に、花壇（斜線部）と、幅2mの道があります。

花壇の面積は何㎡でしょうか？

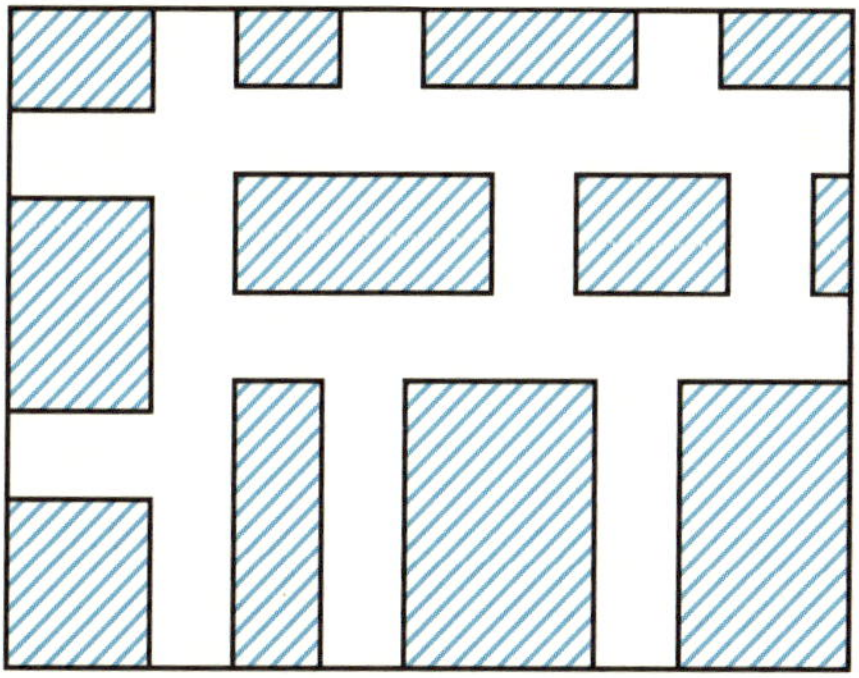

答え

154㎡

図1

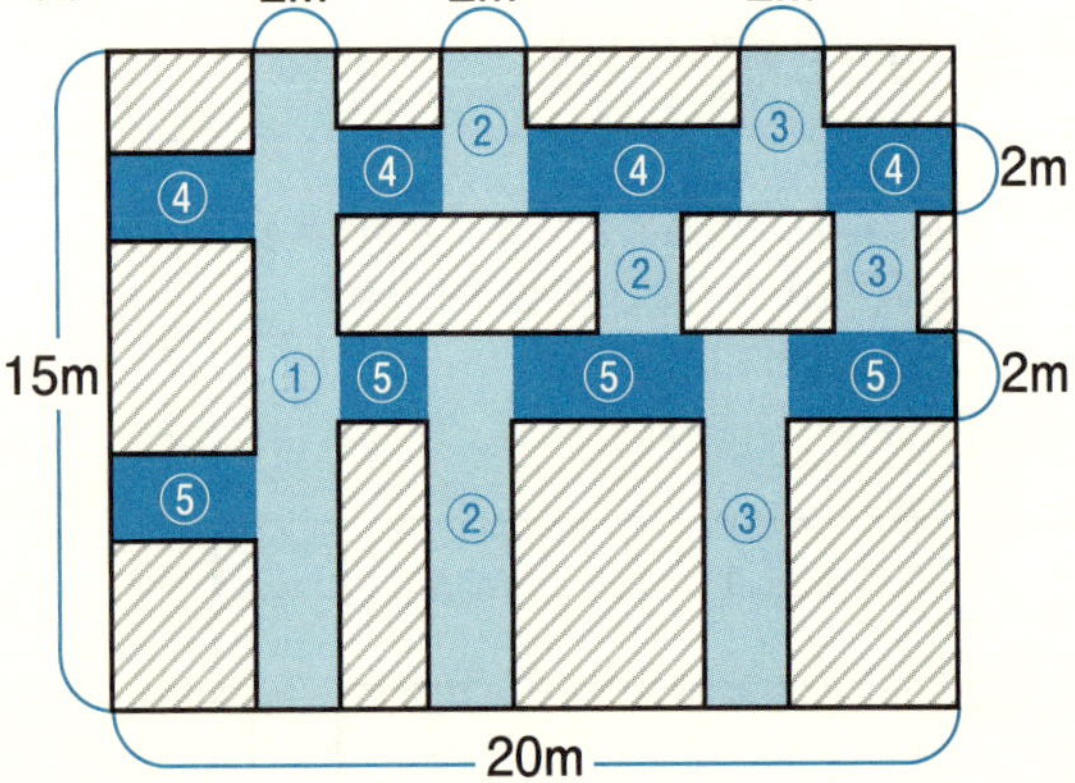

＊着眼点は、タテ、ヨコの〝一本道ルート〟

花壇の面積を1つひとつ求める？　そんなバカな！　とまずは、疑ってみることが大切です。

問題の図を、じぃーっとよく見てみる。すると、図1のように、タテには①、②、③、ヨコには④、⑤のルートが浮かび上がってきます。

いずれも、タテとヨコ、それぞれに2m幅の道があるのと同じと考えることができます。

この点に気づくのがコツ。霧が一瞬にして晴れたかのように、視界が開けてくるはずです。

いかがですか？

図2

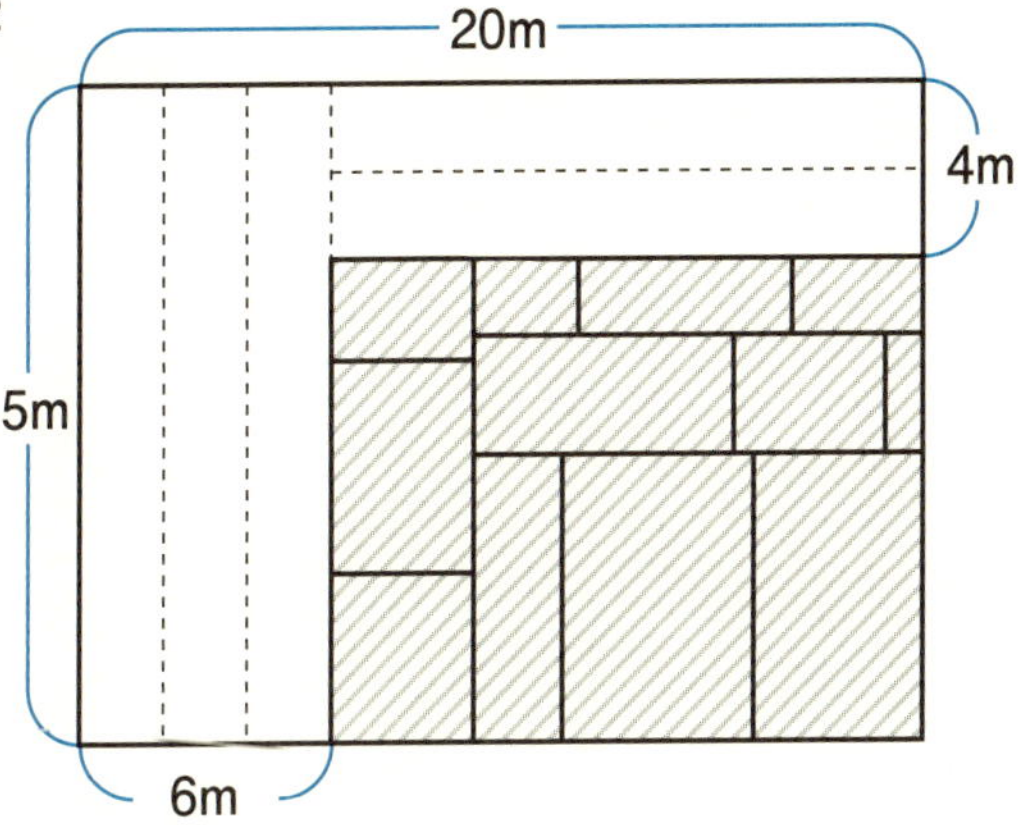

＊要は、寄せて集めるだけ

タテに3本、ヨコに2本のルートを取り除いて右下に寄せれば、図2のようになります。

花壇のタテとヨコの長さがわかれば、面積が出せます。それぞれの長さは、道路ぶんの長さを引けばわかりますね。

・タテの長さ　15－2×2＝11m
・ヨコの長さ　20－2×3＝14m

したがって、花壇の面積は、

11×14＝154㎡

ということになります。

要は、寄せて集めただけ。たった1つの発想が、効率的な解決策につながる、よい見本です。

26 「あえて計算しない」という計算法!?

個々の情報にこだわらなくても、全体をとらえることで答えを導き出せる。

算数の問題だけでなく、これと似たような事態は、日常生活でもよく起こります。個々の細かな問題にこだわっていると、もっと大きな問題の解決を遅らせてしまう。

そこで大局観が大切になってきます。

次の中学受験問題。わからないことはひとまず棚上げして、全体をとらえる発想が求められます。

三角形の面積は、〈底辺×高さ÷2〉。ただ、問題で問われている「三角形㋓の面積」を考えるとき、底辺も高さもわからない。底辺HGは、正方形の一辺の3分の1なのは問題文からわかっていますが、具体的数字はわからない。

さて、どうしますか?

ヒラメキ三角形

下の図の正方形で、点A〜点Hは、各辺を三等分する点です。これらの点と、正方形の中にある点Jを結んでできる三角形の面積が、㋐は5㎠、㋑は4㎠、㋒は2㎠のとき、㋓の面積は何㎠ですか？

（日本大学第二中学校）

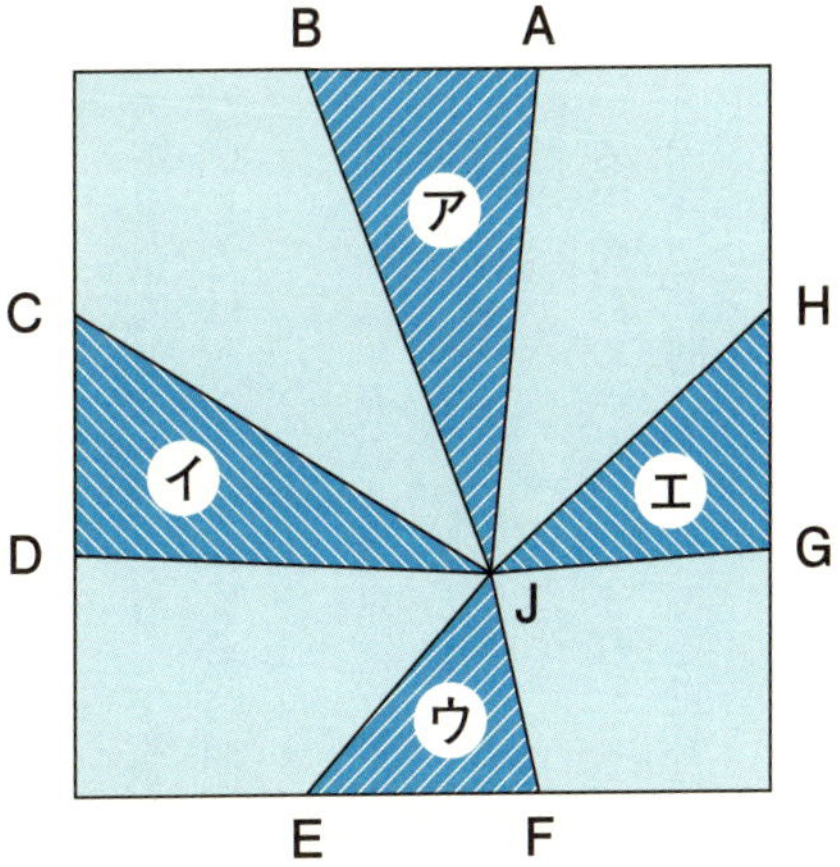

答え

3cm^2

＊**わからないことは、ひとまず「棚上げ」**

問題文から、面積を求めるのに必要な具体的な数字が、どうしてもわからない。こんなときは、とりあえず、わからないことはそのままにする。図全体を見て考えるのがコツです。

1つ目のポイントは、共通点の確認。4つの三角形の共通点は、具体的な数字はわからないけれど、底辺の長さがみな同じこと。

2つ目のポイントは、比較検討すること。

4つの三角形を、互いに向き合っている三角形のペア、つまり三角形㋐と㋒、三角形㋑と㋓のペアで比較してみる。すると、底辺が同じということ以外に、もう1つの共通点が浮かび上がってきます。

ペアの高さの合計が同じ、ということです。

個々の三角形の高さはわからないけれど、2つ足したときの合計の高さは同じ。なんとか、明かりが見えてきました。

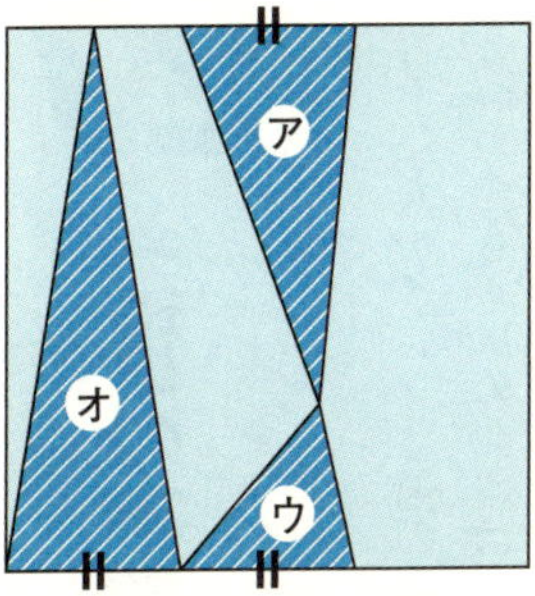

三角形㋐と㋒の面積の合計は、三角形㋔と同じ

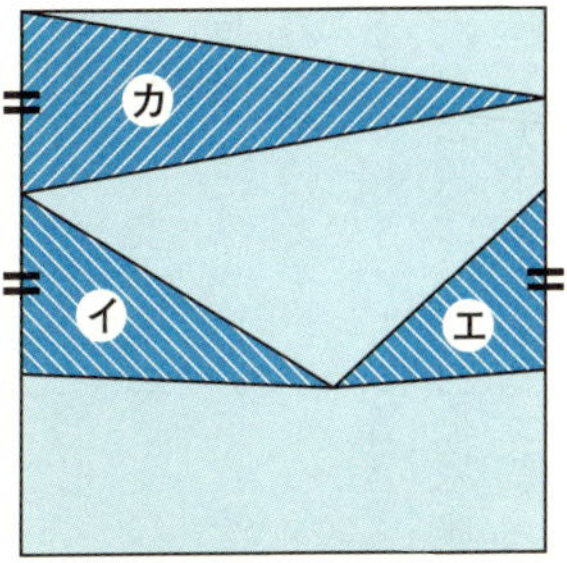

三角形㋑と㋓の面積の合計は、三角形㋕と同じ

＊全体がわかれば解法はシンプル

つまり、こういうことができます。

三角形㋐と㋒の面積の合計は、三角形㋑と㋓の面積の合計と同じ。なぜなら、底辺が同じで、2つの三角形の高さの合計も同じだから。三角形㋐と㋒、三角形㋑と㋓をそれぞれ1つの三角形と考えても、同じだということがわかります。

㋐＋㋒＝㋑＋㋓

これに、わかっている面積を入れると、

5＋2＝4＋㋓

つまり、㋓の面積は、（5＋2）－4＝3㎠ということになります。

全体をとらえる発想ができれば、解き方自体はとてもシンプルです。

27 「積み木問題」でヒラメキ人間になろう

苦手な人が多い立体図の問題です。

といっても、次の問題は、思い浮かべるイメージに四苦八苦するような問題ではありません。

問われていること自体は、表面積を求めるというシンプルな問題です。

ただし、要点をおさえた解き方のスジが問われます。

同じことを言うのに、やけにまどろこしい言い方をする人と、核心をスパッと言い切る人がいます。まどろこしい言い方は、たとえ結論が正しくても要点が伝わらず、なかなか相手の心に響きません。

次の問題は、要点を見極める要約的な発想が問われます。

解き方のスジの良し悪し、あなたの場合はどうでしょうか？

体感！ 立方体の神秘

Aさんの子どもは、幼稚園生です。今、立方体の積み木を使って、「おふね」ができたと言ってきました。Aさんはそのときふと「このおふねの表面積は何㎠だろう」とつぶやきました。

ちなみに、立方体の一辺は2㎝です。そばにいたあなたは、答えられますか?

答え

336㎠

＊**核心をスパッと見抜く**

立体は平面で考える――この王道でいけば、複雑そうな表面積を出すのは簡単です。左のページの図のように、立体を上から平面として見れば、上段・中段・下段の上面の面積は、下段の元々の上面の面積と同じ。全体の表面積は次のようになります。

①立体全体の上面の面積　（2×4）×（2×5）＝80㎠

②下段の底面の面積　80㎠（①と同じ）

③側面の面積　上段の2つの立体　（2×2）×8×2＝64㎠

中段の立体　（2×2）×10＝40㎠

下段の立体　（2×2）×18＝72㎠

これらを足すと、80＋80＋64＋40＋72＝336㎠、ということになるのです。

＊**必要な作業だけすればいい**

ちなみに、スジが悪い解き方というのは、上段、中段、下段の立体の上面面積をご

重なった立体を上から見た図　　下段の上面

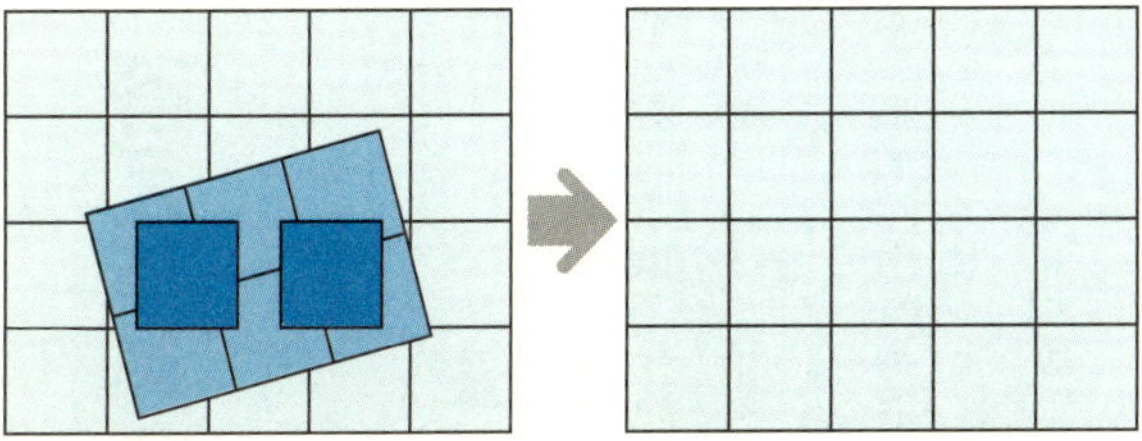

上段・中段・下段の上面面積の合計は…　　結局、下段の上面面積と同じ

丁寧に1つひとつ出していくやり方ですね。

上段の上面は簡単だからいいとしても、中段、下段となると、計算が面倒になります。たとえば、下段の見えている上面の面積を割り出すのに、

まず、下段の上面の面積を、

（2×4）×（2×5）＝80㎠と出して、

ここから、中段の底面の面積、

（2×2）×（2×3）＝24㎠を差し引く。

ご苦労さまという感じです。答えを導く考え方自体は間違ってはいませんが、要点がわかっていないため、スジが悪い。

生真面目なのはいいけど、しなくてもいい作業で時間がかかってしまっては、その生真面目さがアダとなります。

28 答えが必ず見えてくる「着眼点」とは?

相手の立場で考える視点。問題に向き合うときには、出題者の意図を推し量る視点と言えます。

その出題者の意図は、解答する側にとってはヒントになることがあります。

次の中学受験問題は、発想の着眼点を問う問題です。

出題者の思いやりというべきか、ヒントが隠されています。そのヒントに後押ししてもらって、「要はこういうことか」という発想の着眼点を見出すことができるかどうか。そこが勝負の分かれ目です。

目ヂカラを入れてじっと図を見てみる。

すると、さまざまに引かれた線のうち、解答するのに必要な線が浮かび上がってくるはずです。

世にも奇妙な台形

下の斜線部分の面積を求めなさい。

（日本大学第三中学校）

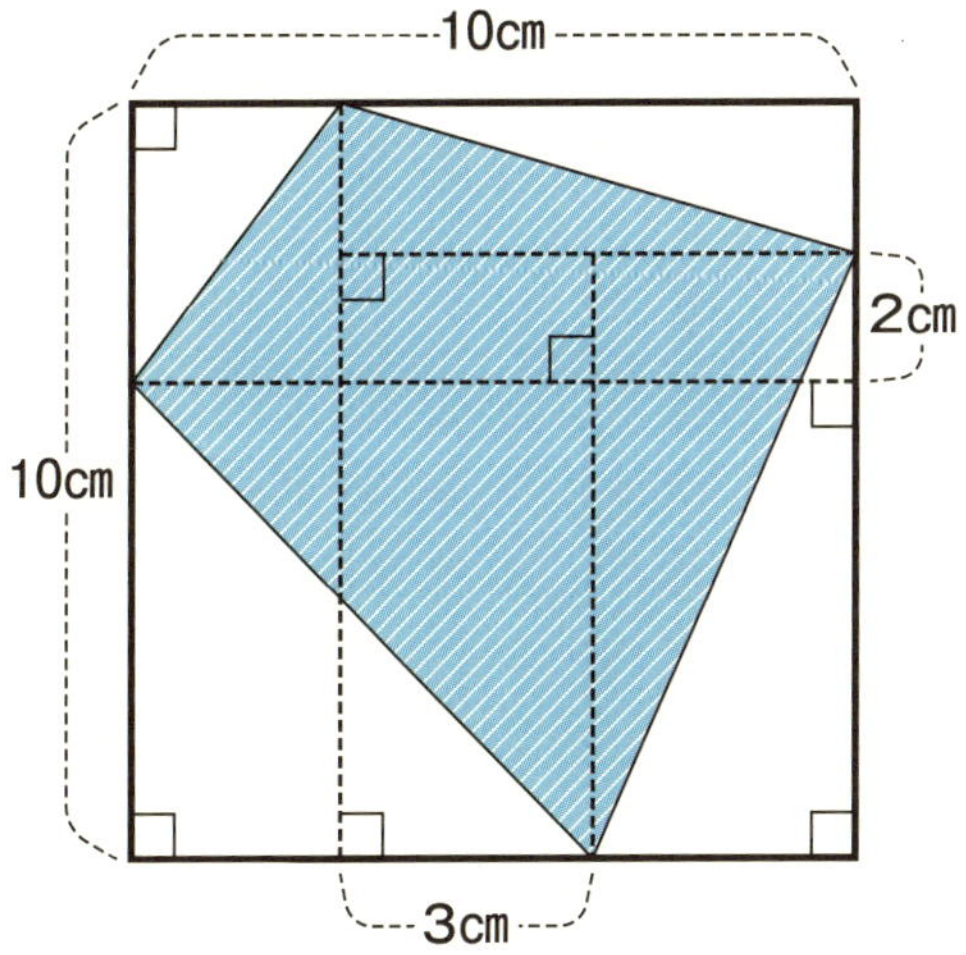

答え

53㎠

＊ヒントを見逃さない

まずヒントになるのは、正方形の中に引かれた破線と、わざわざ「2㎝」「3㎝」と書かれた数値ですね。「2㎝」「3㎝」は、図の中央にできる小さな長方形のタテとヨコ。その長方形に着目するのが第一段階です。

第二段階は、その長方形のまわりに、左のページの図にある太線のような線を引けるかです。この太線が浮かび上がると、「要はこういうことか」となるはずです。

四隅の枠の中には、面積が同じ斜線部と白地部の三角形が2つずつ。ということは、斜線部の各三角形の面積の合計は、全体の大きな正方形の面積から、中央の小さな長方形を差し引いたあとの面積を2分の1にすればよいわけです。

＊算数センスがなくても大丈夫

では、計算してみましょう。

まず、大きな正方形から、中央の長方形を差し引いたあとの面積は、

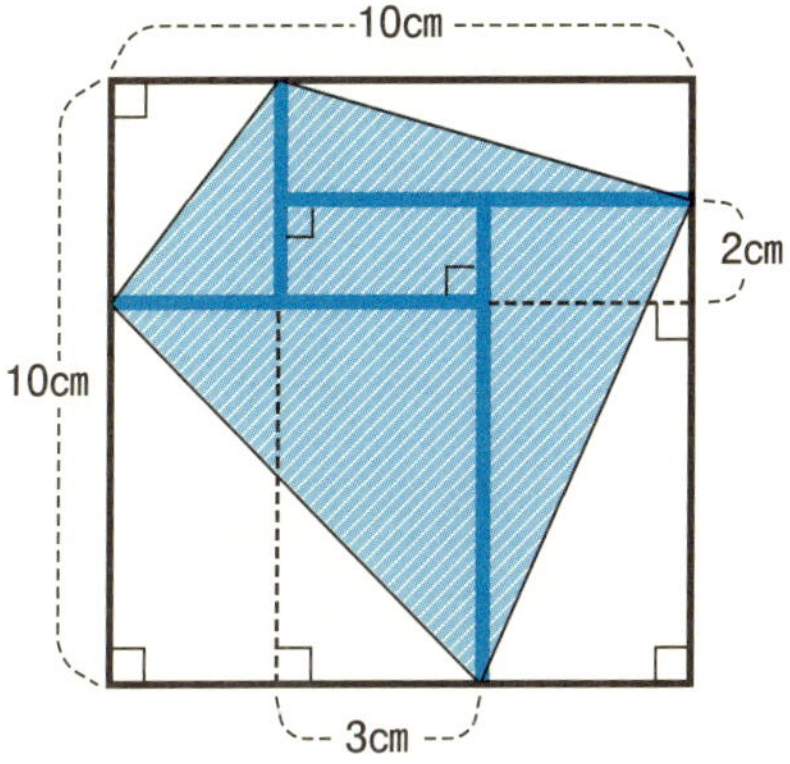

（10×10）－（2×3）＝94㎠

斜線部の三角形の面積の合計は、

94÷2＝47㎠

よって、斜線部全体の面積は、中央の長方形の面積を足して、

47＋（2×3）＝53㎠

ということになります。

図には斜線部を囲う線や破線などいろんな線があります。その中で四隅の四角形を浮かび上がらせる太線にパッと気づけるのは、集中したときの目ヂカラのなせるワザ。

これを算数センスと特別な力のように思わないことです。出題者の意図を推し量る視点から、発想の着眼点を手繰り寄せることができるのです。

29 「引っかけ問題」に強くなるには?

学校の水泳の授業で水泳帽をかぶったのを覚えていますか?

あの水泳帽を日本で最初につくり、現在50%のシェアを誇っている会社があります。もともとはオムツカバーをつくっていた会社だそうです。

水泳帽をつくるようになった経緯がおもしろいのです。夏場、オムツカバーはむれるので売り上げが落ちる。その代わりに売れる商品ができないかと、社長が考えた。おしっこの漏れを防ぐオムツカバーだけど、かぶれば防水性の高い帽子になるんじゃないか……。これが、日本初の水泳帽を生んだ発想でした。オムツがオツムに!

ウソみたいな話ですが本当です。まさに、コペルニクス的な発想の大転換ですね。

算数でも、こんな発想の大転換が求められることがあります。

次の問題で、発想の大転換の醍醐味を味わってみてください。

目がくらむペーパーロール

トイレットペーパーのように紙を巻いた、下図のような紙のロールがあります。紙を全部引き出すと、何mになりますか?　紙の厚さは0.4㎜とします。

円周率は、3.14で計算しましょう。

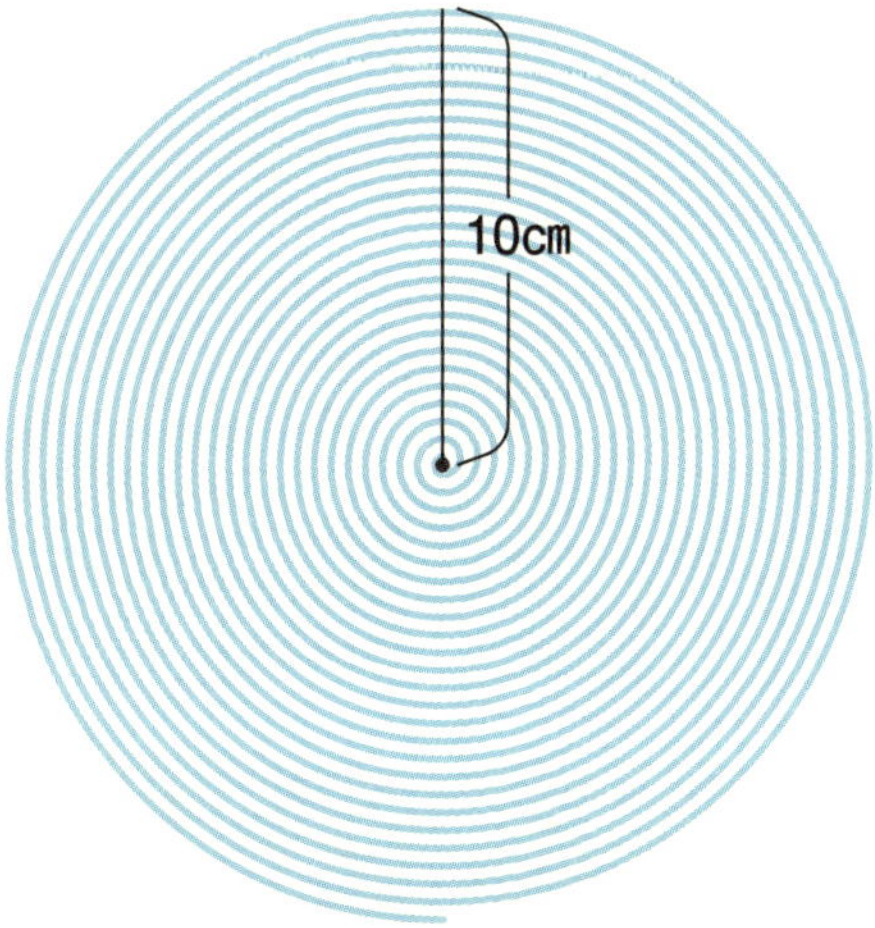

答え

78・5m

＊シンプルに頭を切り替える

行き詰まった人は、たとえばこんなふうに考えませんでしたか？

まず、一番外側の1枚の長さを出す。つまり、直径10㎝の円の円周だから、円周を求める公式〈直径×円周率〉に当てはめて、（10＋10）×3・14＝62・8㎝。

次に、外側から2枚目のペーパーの長さ。これは、一番外側の紙の厚さぶんの直径を短くして円周を計算することになるので、直径は20－（0・04×2）＝19・92㎝。

これで円周を出すと、19・92×3・14＝62・5488。ここで、はやくもウゥ……となりますね。はたして、こんなことを延々と続けるのか？　そんなわけないですね。

考えてみれば、円周率で出すのは、円周か円の面積しかありません。円周で解くのが難しいようであれば、面積で考えればラクができるかもしれません。

＊〝本質〟を突き詰めれば見えてくる

ここで本質的な問いかけです。ペーパーロールの側面の面積とは何なのか？

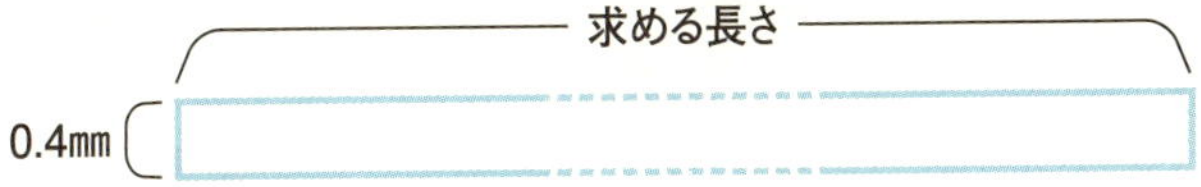

長〜い長方形

問題にある図では丸い円です。これは、1枚の紙の側面の集合体。つまり、ペーパーロールを丸々1本ぶん伸ばして側面から見れば、上の図のような高さ（タテ）0・4㎜の長〜い長方形。この発想がもてれば、あとは簡単です。長〜い長方形と、ペーパーロール側面の円の面積は同じ。円の面積を、長〜い長方形のタテ0・4㎜で割れば、長〜いヨコの長さが出せるというわけです。

まず、円の面積を求める公式〈半径×半径×3・14〉に当てはめて、ペーパーロール側面の面積を求めると、

10×10×3・14＝314㎠。

よって、長〜い長方形のヨコの長さは、

314÷0・04＝7850㎝。メートルで、78・5m。

薄い紙も、横から見れば超長い長方形。

そんな本質を突き詰めるコツがつかめると、大転換の発想がわりと簡単にものにできるというわけです。

30 長針と短針のトリックを見破る！

目の前に立ちはだかる難題。なんとか突破したいけど、どうにもこうにもいいアイデアが浮かばない。そんなときは、天にもすがる思いになりますが、「天にいる方」は、そう簡単に甘やかしてはくれないですね。

手を動かすなり、過去の経験を思い出すなりしなくてはなりません。

次の問題は、身近な時計が題材。あなたの経験に基づいた発想力が問われます。時計の見方については誰もが相当な経験を積んでいるはず。でも、意外と見逃していることがあります。その「見逃し」を補うために、理詰めで考える発想が必要になります。

簡単にあきらめるのではなく、考えられることを1つひとつ積み上げていく。そうすると、答えに近づいていきます。

不思議の国の時計

見た目には長針と短針の見分けがつかない時計があります。ある日、とまってしまいました。どこが上か下かもわからないし、数字も消えてしまっています。

いったい、何時何分にとまったのでしょう?

答え

8時24分

＊短針に着目して考える

まず、上のほうの針が短針だった場合を考えてみましょう。

針は太い目盛りから4番目の目盛りを指しています。

これは何を意味するのか？　短針がひと目盛りで何分なんて、意外と無頓着《むとんちゃく》だったのではないでしょうか。

あらためて確認すると、短針は太い目盛りから次の太い目盛りまで1時間で進む。

すると、5分割する細い目盛りでは、ひと目盛り当たり、60÷5＝12分。

問題を見ると、太い目盛りから4番目の目盛りを指しています。

太い目盛りを指していた時間から、12×4＝48分経っていることになります。

しかし、長針となる下のほうの針は、下1ケタが2分か7分の状態になっています。

矛盾しますね。

上のほうの針は短針ではない、ということになります。

そこで、上のほうの針が長針、下のほうの針が短針とわかりました。

＊長針が矛盾しないかチェック

下のほうの短針に着目します。

太い目盛りから2つ目の細い目盛りで止まっている。12×2＝24分の状態であることがわかります。

そこで、長針となる上のほうの針が24分を指しているかどうかをチェック。

上の図の⑫の太い目盛りが12の目盛りだとすれば、上のほうの針は24分になっていることがわかります。

つまり、現在の時間は8時24分、ということになります。

毎日何気なく見ている時計。見ているようで、よく見ていなかったことに気づかされる問題ですね。

5章

読むだけで、突然「数字センス」が鋭くなる！

31 ワリカンで損する人・得する人

お金を使う、時計やカレンダーを見る――。

日常生活では、ちょっとした算数感覚を働かせる場面がいろいろあります。

そのとき、なんとなくやりすごしてしまう人と、少し考える人とでは、頭の鍛えられ方が違ってきます。

たとえば、次の問題のように「ワリカン」をする場面。だいたいいつも人任せなんていう人は、考えることが苦手なタイプ。計算係をするにしても、簡単な計算までいつも電卓頼みという人も、考える習慣がなかなか身につかないタイプ。

ポイントを見抜く力があれば、早く解決できます。

この章では、「見抜く力」がテーマです。さて、次のワリカン問題、あなたはどうしますか？

さて、誰がいくら払う？

同じ課のAさん、Bさん、Cさんは仕事帰りに評判の中華料理店で食事をすることになりました。ところが、Cさんが財布を会社に忘れたので、Aさんがみんなの食事代8600円を立て替えました。そのあと寄ったショットバーでは、Bさんが5800円の代金を立て替えました。

さて、3人でワリカンにするには、誰が誰にいくら払えばいいでしょうか？

答え

Cさんが、Aさんに3800円、Bさんに1000円払う

＊骨折りの図を描くより直感

問題文を読みながら、図を描き始めた人がいるかもしれません。もちろん、考えるときに手を動かすのは、けっして悪いことではありません。

ただ、左のページの図のように、1本の線を3分の1にして、その3分の1をCさんに回して……なんてやっていると、計算がややこしいことになりそうです。

図にしなくても、答えにたどり着く最短ルートのポイントをパッと見抜く力がほしいところです。

「要は、全体はいくらで、それを人数で割れば1人分が出るでしょ」

コツはこの感覚です。シンプル・イズ・ベストですね。

＊全体から見る

計算してみましょう。まず、2軒のお店でかかった全体額は、

8600＋5800＝14400円

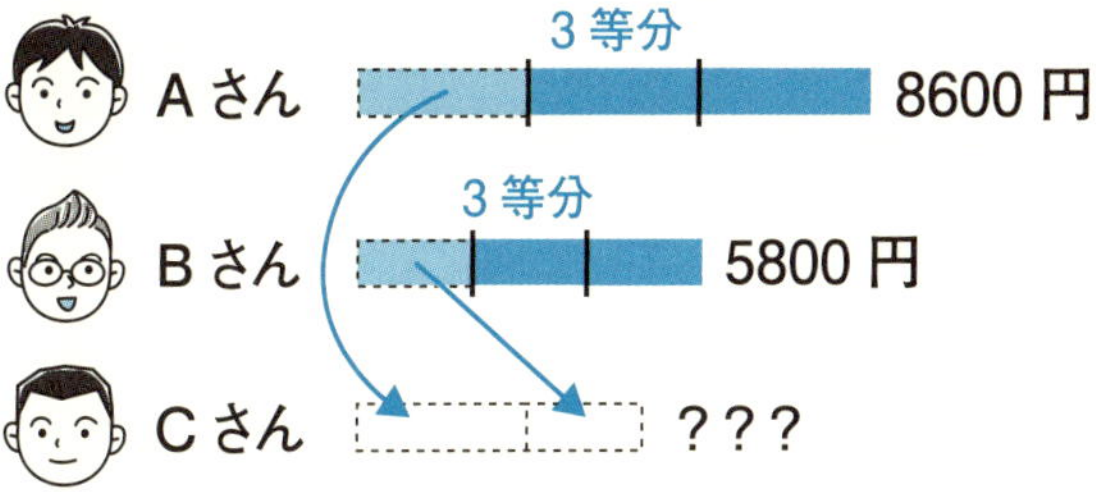

これから、1人分を割り出すと、
14400÷3＝4800円
Aさんは、中華料理店で8600円の支払いをしているので、1人分の負担額より余計に出している金額を計算します。
8600－4800＝3800円
ショットバーで5800円の支払いをしたBさんが余計に払った金額は、
5800－4800＝1000円
つまり、何も払っていないCさんが、Aさんに3800円、Bさんに1000円払うことになります。
こんな計算は、ふだんの飲み会できっとやっているはずです。ただ、レシートの合計額を見て、電卓で計算しているだけだと、「全体に対する1人当たりの量」という感覚はなかなか身につかないものです。

32 たとえば「6人の人間」が競走する場合

次の問題は、電卓には頼れない問題です。

まず基本的な構えとしては、問題文を読みきる精読力が必要です。

問題文を目でなぞるのではなく、読みながら考えていくことが大切になります。どこがポイントになっているか、を考える。

そして、問題文の条件を前提に、さらに理詰めで考えるのです。

次の問題は、可能性のあるケースを漏れなく想定し、その1つひとつについて条件と合致するかを検証していくことが必要になります。

つまり、「場合分け」がきちんとできなければなりません。

事前にこれだけ言えば、少なくとも基本的な構えは大丈夫ですね?

では、実際に解いてみましょう。

2位は「誰」？

子どもの学校の運動会で、赤組のお父さん、白組のお父さんが3人ずつ出て、計6人でかけっこをします。1位は5点、2位は4点、3位は3点、4位は2点、5位と6位は1点です。下の(　　)の中を埋めてください。

赤、白それぞれの得点が同じで、
1位が赤組のとき、2位は(　　　)組、
3位は(　　　)組、4位は(　　　)組です。

答え

1位が赤組のとき、2位は(白)組、3位は(白)組、4位は(赤)組です。

＊**問題文で、けっして見逃してはならない部分**

順位ごとの点数を、しっかり頭に入れて考えなくてはいけません。5位と6位が同じ1点であることは要注意です。

問題文で一番のポイントとなるのは、「赤、白それぞれの得点が同じ」という箇所。理詰めで考えていく際に、見逃してはならない部分になります。

赤、白ともに点数が同じなのだから、全体の点数からひと組当たりの点数が出せます。すなわち、赤組、白組それぞれの点数は、

(5＋4＋3＋2＋1＋1)÷2＝8点

この8点を前提にして、理詰めで考えを進めていくのがコツです。

＊**漏れなく場合分けする**

問題文にある「1位が赤組のとき」を前提にして、3人で合計が8点になる組み合わせを考えてみましょう。

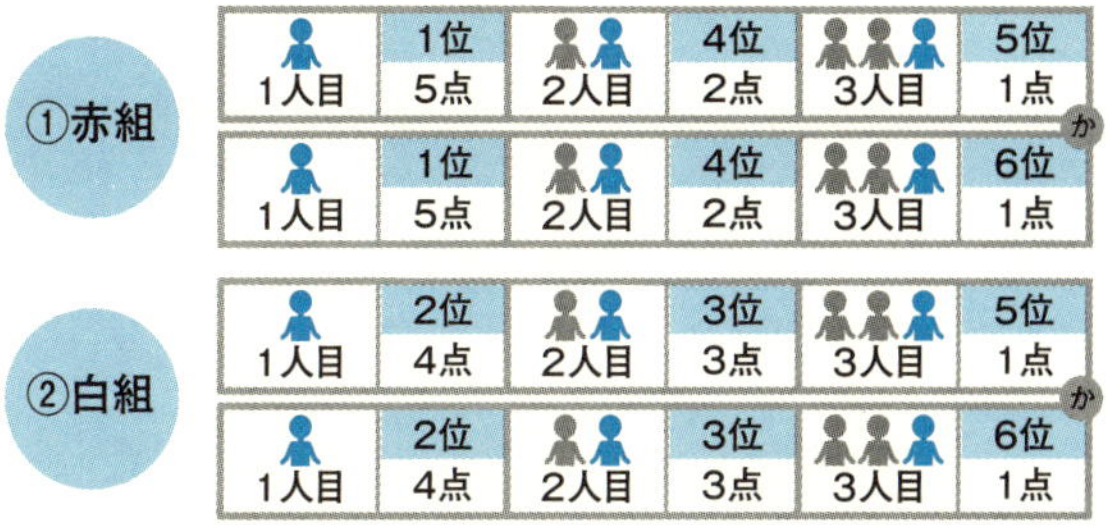

①赤組
1人目
1位
5点
2人目
4位
2点
3人目
5位
1点
か
1人目
1位
5点
2人目
4位
2点
3人目
6位
1点
②白組
1人目
2位
4点
2人目
3位
3点
3人目
5位
1点
か
1人目
2位
4点
2人目
3位
3点
3人目
6位
1点

1人目が1位で5点を獲得しているので、2人目が2位（4点）か3位（3点）になると、その時点で8点以上になってしまいます。2人目の2位・3位はありえません。

2人目と、3人目が5位（1点）、6位（1点）だと、合計点が7点となり、これもありえません。

したがって、赤組の合計点が8点となるのは上の図の①の2つのケースしかありません。

その結果から、白組は、上の②の2つのケースとなります。問われているのは4位までなので、3人目が5位か6位かは関係ありません。

この検証結果を問題の（　）に当てはめると、

1位が赤組のとき、2位は（白）組、3位は（白）組、4位は（赤）組、

ということになります。

いかがでしたか？

33 「イモヅル式」で問題を一気に解く法

たとえば、ある企画コンペに参加しようとしたとき、主催者側の担当者が「今回のコンペは企画内容だけでなく、総合的な観点から評価したい」と言ったとします。ピンとくる人なら「あぁ、予算を抑えろということかな」と考えるものです。

世の中には、言葉の裏があります。それを見抜けるかどうかで、仕事の進め方や、人間関係のあり方が大きく違ってきます。

算数の問題でも、問題文に示されている条件をストレートに受けとめているだけでは、突破口が開けないケースがあります。「裏の条件」を的確に見抜けるかどうかが、難題攻略のカギを握るのです。

それを見抜くことができれば、からまった糸がスーッとほぐれるように、ゴールまでの道のりが見えてきます。

金銀銅メダルは誰に？

社内で論文コンテストが行なわれました。最終選考まで残ったのは、Aさん、Bさん、Cさん、Dさん、Eさんの5人です。最終結果は下のようになりました。

誰が、何の賞を取ったのでしょうか？　賞は、金賞、銀賞、銅賞がそれぞれ1つずつです。

❶Aさん、Cさん、Dさんのうち2人が受賞、そのうち1人は銅賞。
❷Aさん、Bさん、Eさんのうち1人が受賞、その人は銀賞。
❸Aさん、Dさん、Eさんのうち2人が受賞、そのうち1人は金賞。

A	B	C	D	E

答え

A×（落選）　B×（落選）　C銅賞　D金賞　E銀賞

＊「絞り込みやすい条件」に目をつける

3つの条件を読みながら、左のページのような表を書いた人がいたかもしれません。でも、条件❶では、銅賞はAさん、Cさん、Dさんのどれかで、かりにAさんだとしても、残るCさん、Dさんは金か銀のどれか……。なかなか絞りきれませんね。

こんなケースでのコツは、絞り込みしやすそうな条件に着目することです。

条件❷が「Aさん、Bさん、Eさんのどれかが銀賞」と、1つのメダルのことにしか触れていません。可能性の絞り込みをほかよりしやすそうです。

ただし、そこで喜ぶのはまだ早すぎます。この条件❷に着目するもっと大きな理由は、裏の条件を読みとることにあるのです。

＊まずは1つ突破口をつくる

❷の裏の条件とは何か？　①Aさん、Bさん、Eさんのうち、1人が銀賞なら、残りの2人は落選ということ。そして、もう1つ大事なのは、②CさんとDさんは、ど

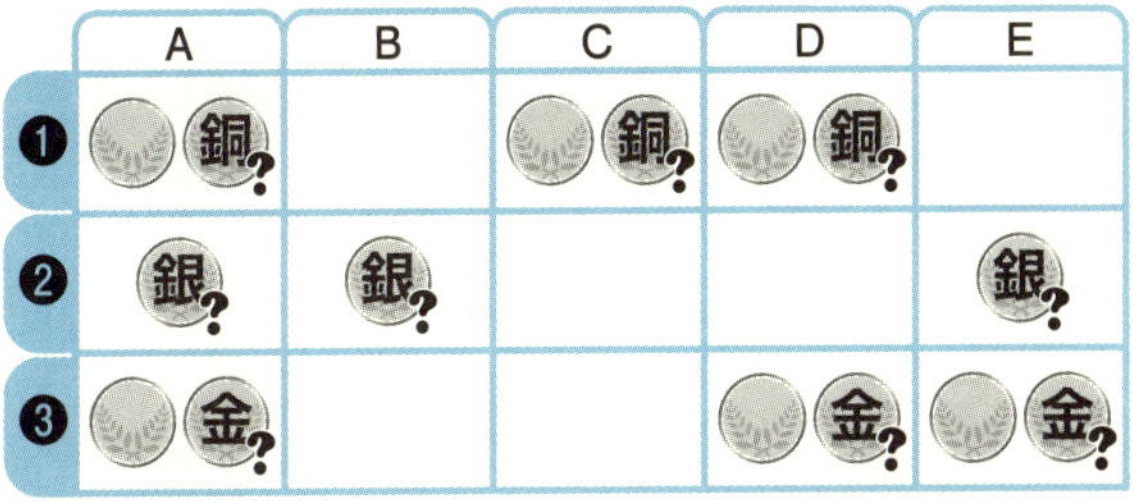

ちらかが金賞で、もう一方が銅賞ということです。

ここで、条件❸が光ります。「Aさん、Dさん、Eさんのうち2人が受賞して、そのうち1人は金賞」。見事に、❷の裏の条件②と重なる名前があります。つまり、「Dさんが金賞」です。Dさんが金賞なら、「CさんとDさんのどちらかが金か銅」なので、「Cさんが銅賞」です。

残りは銀賞です。条件❶の「Aさん、Cさん、Dさんのうち2人が受賞」は、すでにCさん、Dさんの受賞が決まったので、Aさんは落選。

条件❸の「Aさん、Dさん、Eさんのうち2人が受賞、そのうち1人は金賞」については、「Dさんが金賞」なので、残るはAさんかEさん。しかし、Aさんは落選なので、Eさんが残された銀賞ということになります。

このように、条件の裏読みで、1つ突破口が開けると、あとはイモヅル式で答えが明らかになってくるわけです。

34 知ってるだけで、人生得する「公式」と「定理」

どんな仕事にも、それを進めるうえで心しておかなければならない原理原則があります。

算数の世界で言えば、公式や定理と言われているものです。

小学校で覚える初歩的なものとしては、三角形の面積〈底辺×高さ÷２〉、円の面積〈半径×半径×円周率（３・１４）〉、円周〈直径×円周率〉があります。

本書の問題は、公式や定理を使わなくても解けるものがほとんどです。ただし、簡単なものくらいは、覚えておくと役に立つことがあるかもしれません。

次の問題の、問題文の最後にある「三角形の内角の和は１８０度」は基本の定理です。ここではあえて、ヒントの意味を込めて記しておきました。

この定理を問題解決の突破口とできるか、あなたの見抜く力が問われます。

ミステリアスな角度

下の印をつけた角の内側の角度をすべて足すと何度になりますか?

ちなみに、三角形の内角の和は180度でしたね。

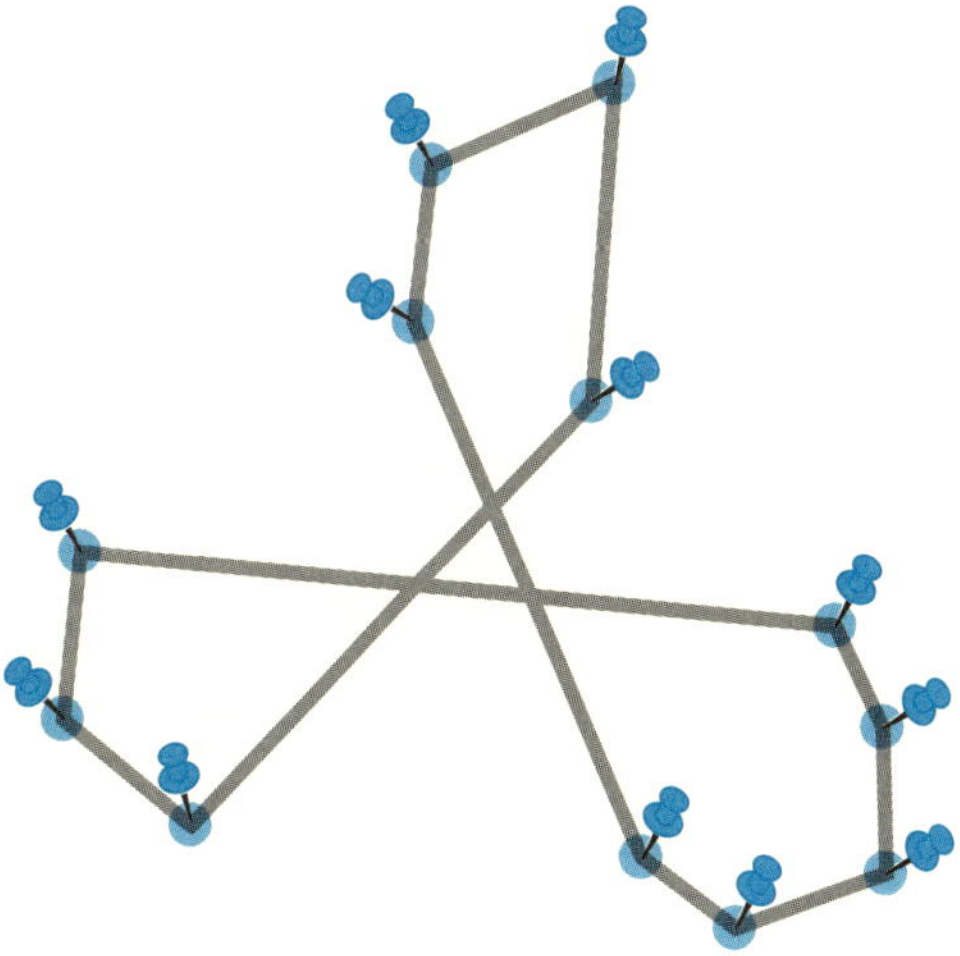

答え

1440度

＊図形は「三角形」で攻略する

前に「立体は平面で考える」という王道に触れたことを覚えていますか？

これと同じように、図形問題を解く技法の1つとしてよく言われていることがあります。それが、「図形は三角形で考える」です。三角形には、多くの図形の元になる原理的な要素があるからです。

その「三角形」で攻略すると、難しそうな問題がスルスルと解けてしまいます。

＊原理原則が解決の糸口

では、実際に三角形で攻略してみましょう。

①まず、図の上部にある五角形、左下の四角形、右下の六角形を左のページの図のように三角形に分割。このとき、多角形の印のついた内角の合計はいずれも、各多角形の内角の合計から、それぞれ角度A、角度B、角度Cを引いたものです。

②各多角形の内側の角度の合計は、「三角形の内角の和は180度」に基づいて、

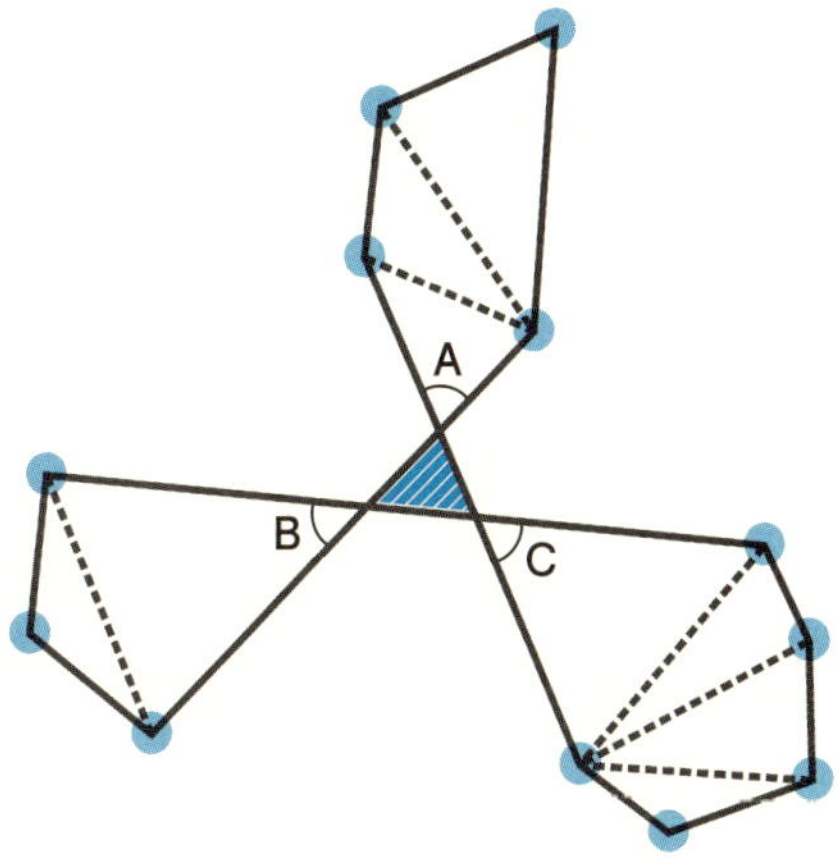

・上の五角形　180×3＝540度
・左下の四角形　180×2＝360度
・右下の六角形　180×4＝720度
　合計は、540＋360＋720＝1620度。ここから、角度A・B・Cを差し引けば、●印の内角の合計となります。

③そして、二度目の「三角形の内角の和」が登場します。角度A＋角度B＋角度Cは、中央の三角形の内角の和と同じ（対頂角は同じ）なので180度。

　したがって、●印の角の内角の合計は、1620－180＝1440度になります。

　図形は三角形で考える――。この図形攻略の王道は、凝り固まった「四角四面」の頭を柔らかくするコツと言えます。

35 あなたの仕事を「仕事算」で計算すると？

部下への仕事の配分は上司の役割の1つです。均等に頭数分を割りふれば悩まなくてすみますが、現実はそうはいきません。部下の能力に応じたキメ細かい配分が必要になります。

算数の世界では、ある仕事を仕上げるのにかかる時間や日数を割り出す「仕事算」と言われる問題があります。

次の問題は、登場人物の仕事能力は変わらないというシンプルな仕事算。ただし、考える手順がわからずにいると、手がとまってしまいます。

本書の問題をここまでやってきた人なら、さまざまな問題の中で、考え方の原理原則を学んでいるはず。

それでは、チャレンジしてみましょう！

「お礼の値段」はいくら？

Aさん、Bさん、Cさんで、ある仕事を3人で均等に分けて取り組むことにしました。しかし、Cさんが別件で抜けたため、Aさん、Bさんがすべての仕事をしました。かかった日数は、Aさんが14日、Bさんが22日でした。

Cさんは本来自分が行なうはずだった仕事をAさんとBさんが行なってくれたお礼として、6万円を2人に分けて払おうと思います。いくらずつ払うべきでしょうか？

3人が1日にこなす作業量は同じものとします。

答え

Aさんに1万円、Bさんに5万円払う

＊個別にとらわれず全体を把握する

もっとも大事な着眼点は、全体がどれだけの仕事量で、1人当たりはどれだけなのかを把握すること。

まず、全体の仕事量について考えます。3人が1日にこなす作業量は同じということなので、Aさん、Bさんが働いた日数を全体の仕事量ととらえることができます。

すなわち全体の日数は、14日（Aさん）＋22日（Bさん）＝36日。

したがって、本来3人がそれぞれ働くはずだった日数は、36÷3＝12日。

＊最初の着眼点さえしっかりしていれば、課題解決はスイスイ

では、Aさん、Bさんは、Cさんのためにどれだけ働いたのでしょうか？

実際に働いた日数から、3人の均等割りの日数を差し引けばいいですね。

・Aさんの場合　14－12＝2日

・Bさんの場合　22－12＝10日

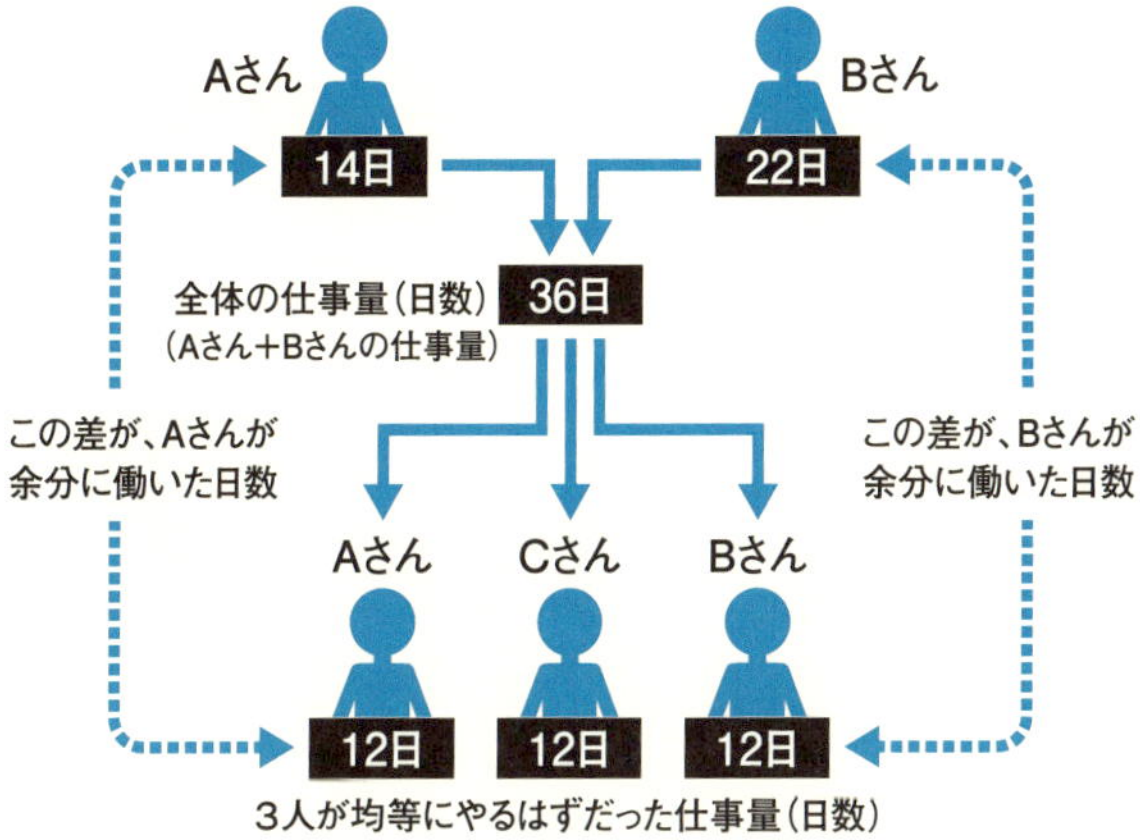

次に、Aさん、Bさんが余計に働いてくれたこれらの日数に応じて、Cさんの謝礼金6万円の分配を考えます。

2人が余計に働いてくれた1日分の金額を出すと、

60000÷（2＋10）＝5000円

したがって、Aさん、Bさんそれぞれへの分配金として、

・Aさんに　5000×2＝10000円
・Bさんに　5000×10＝50000円

を支払うことになります。

仕事算の計算に加え、謝礼金の分配というもう1つの要素が加わっています。最初の着眼点さえ間違わなければ、解答プロセスはスイスイいきます。

36 「3歩進んで2歩下がる」と何が起きる？

前にチャレンジした、おまわりさんの問題、花火の問題、覚えていますか？　いずれも「植木算」がベースとなる問題でした。

植木算は、仕切りの植木の数が、間隔の数より1つ多いという日常的な感覚を前提としたものです。次の問題も、その日常感覚が問われます。

問題の主役は、3歩進んで2歩下がる2足歩行のロボット「365号」。「進む」と「下がる」を一連の動作と考えれば、「ワンセットで1歩進む」ということになりますね。

この問題で問われる日常感覚とは、3歩進んで2歩下がるロボットがゴールするときは、いったいどんな状態なのかをしっかり見抜くこと。

思いつきではなく、理詰めで見抜く力が試されます。

A地点からB地点まで、何歩？

2足歩行のロボット「365号」はどうも調子が悪いようです。3歩進んで2歩下がる動作を繰り返してしまいます。「365号」が、図のように、A地点からB地点に到着するまで、合計で何歩動くことになるでしょうか？

「365号」の歩幅は、1歩につき70cmです。

答え

488歩

＊要注意！　パターン学習が得意な人の落とし穴

植木算のミスと同じように、基準となる数値で単純に割り算・掛け算をしてしまいがちです。たとえば、「3歩進んで2歩下がる」で結局1歩進むから、全体の距離を1歩＝70㎝で割って、それにワンセットの5歩を掛ければ、ゴールまで実際に歩いた歩数が出る！　なんていうのはアウトですね。

3歩進んで、2歩下がったところでゴールするのではありません。3歩進んだときにすでにゴールしているのです。このゴールの仕方を見抜くことができれば、あとはラク。ゴールまであと3歩残したところまで、「3歩進んで2歩下がる」を何回繰り返すかを考えればいいのです。

＊日常感覚で考え抜く

さっそく計算してみましょう。

①まず、A地点からB地点まで、いくつの歩幅分があるかを求めます。

・全体が70m、歩幅が70㎝（0・7m）なので、

70÷0・7＝100歩分

ゴールまで、3歩残した地点までは、100－3＝97歩分ということになります。

②次に、97歩分の地点までたどり着くのに、実際に何歩歩くのか。

・3歩進んで2歩下がるので、実際には5歩歩いていることになります。1歩分進むのに、実際には5歩歩いているわけですから、97歩分進むには、

5×97＝485歩

そして、最後の3歩が加わるので、答えは、

485＋3＝488歩

3歩進んで2歩下がるのがどういうことか。

日常感覚でその意味を見抜くことができれば、答え＝ゴールにたどり着くことができます。

37 「絶対に勝つ方法」を算数で考えてみよう

算数の文章問題では、ときどき、数を抽象化して問うことがあります。

たとえば、「同じ数ずつ配るには？」ではなく、「平等に配るには？」という言い方。数を直接的に言い表す「同じ数ずつ」という言葉が、「平等に」という抽象的な言葉に置き換えられるわけですね。

これを逆の観点から言えば、抽象化された言葉を、数としてとらえる感覚が問われているということです。

次の問題には、「絶対に勝つためには」という言葉が出てきます。

この「絶対に」という抽象的な言葉をどう数値的に理解し、それを前提にいかにスマートに考えていくか。

そこを見抜けるかがポイントになります。

「大食い選手権」スタート！

シュークリームの大食い選手権が開かれました。100個のシュークリームがあり、Aさん、Bさん、Cさんの3人でシュークリームを食べきります。一番多く食べた人が勝ち。現在、Aさんは2個、Bさんは18個、Cさんは7個食べています。残りのシュークリームは73個です。

Aさんが絶対に勝つためには、この時点からあと最低、何個食べればいいでしょうか？

答え

45個

＊情報に惑わされず、「核心」をつかむ

まず、「Aさんが絶対に勝つ」とはどういうことか。

日常的な言語感覚では、「絶対」には「圧倒的」といったニュアンスがあります。ただ、ここでは、競争相手より「1つ多ければいい」ということです。

では、その競争相手は誰か？　問題ではライバルが2人います。考えるべきは、いま一番多く食べているBさんとの勝負。Cさんは関係ありません。つまり、Bさんに勝つための最少個数を求めればいいわけです。不必要な情報は捨て、考えるべきことだけをササッと考える。ここが、頭がよくなる考え方のコツになります。

＊脇道に入らないように注意

では、答えにたどり着く道筋は――。
①最初に、ライバルのBさんに追いつく数を出す。すなわち、18－2＝16個
②Bさんに追いついた状態で、残りの数は、73－16＝57個

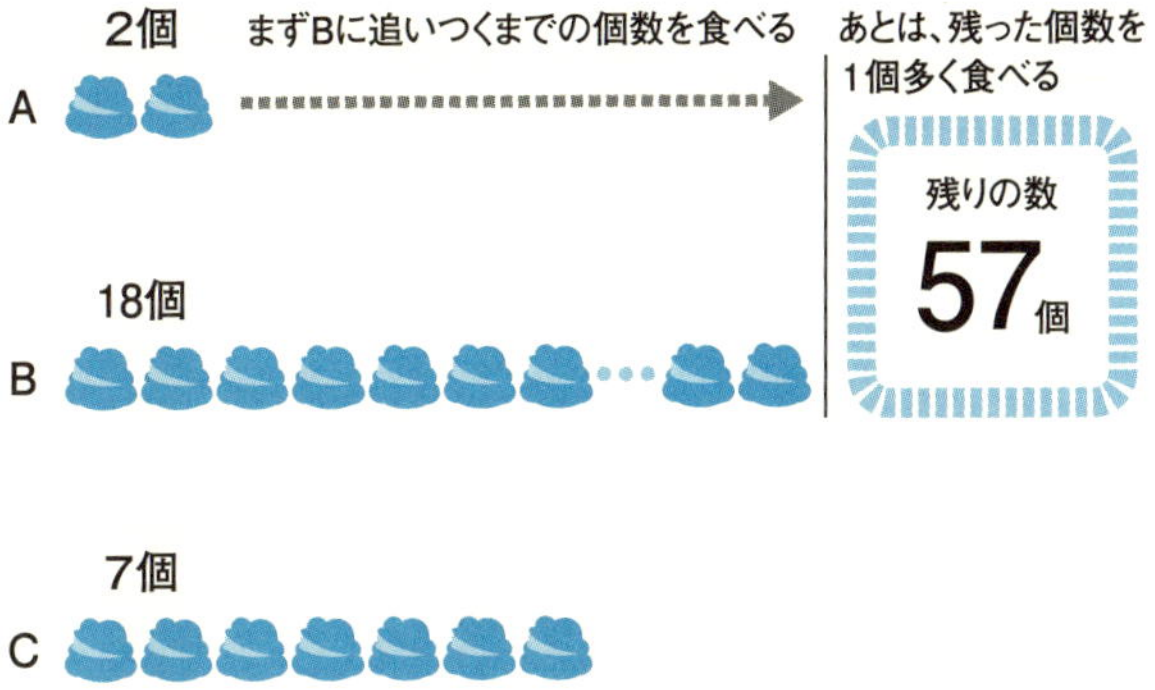

③Aさんが B さんに絶対勝つためには1個多ければいいので、それを割り出すと、

57÷2＝28余り1個

つまり、追いついた状態で29個食べればよいということになります。

④①と③から、Aさんが B さんに勝つための個数は、16＋29＝45個

という具合に、考え方の道筋を間違わなければ簡単な問題です。しかし、最初に73を2で割ったりして、余計なことをしてしまうと、迷路に入りかねません。

日常生活でも相手に説明するのに、不必要な情報が多くなって、肝心なことが伝わらない人っていますよね。

ポイントを見抜く力、とても大事です。

38 あなたは「隠れた法則」を見抜ける？

同じ条件のもとなら、同じことが起きる——。

算数の世界だけでなく、自然科学は、こうした「法則」を前提にした学問と言えます。いくつかの事例で法則を見抜くことができれば、他の事例にもそれがあてはまると考えて、次に起きる事例を予測したり、全体をとらえたりできるわけですね。

算数の問題では、この法則を見抜けるかが、答えを導きだす決定的なポイントになる場合があります。

ただし、次の問題では、発見した法則を単純にあてはめるだけでは不十分。もう一歩踏み込んで考える力が問われます。

仕事では、体験に基づいたルールを経験則として生かす場合が多々あります。その経験則の根本にあるのは、法則を見抜く力と言えます。

アレレ、ひもを切ったら……

図のように、1本のひもがからまっています。点線の上の黒丸のところをハサミで切ったときに、このひもは何本に切り離されますか。

（市川中学校）

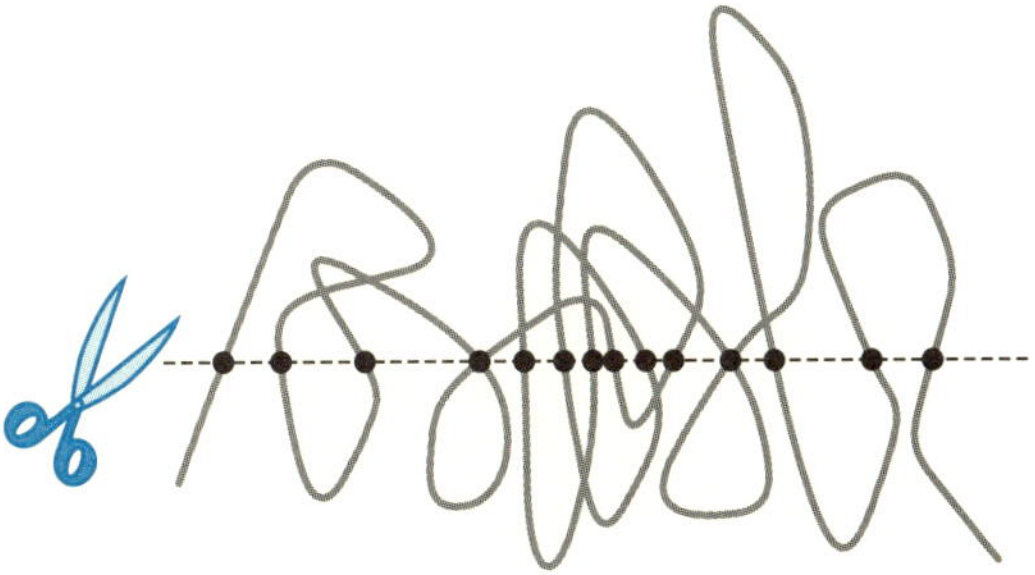

答え

17本

＊ぼんやりイメージではNG

糸を引き伸ばした状態を想像して考えようとしても無理があります。ここはやはり「法則を見抜く力」が必要です。考えるべきは、切る箇所の数と、切られたあとのひもの本数の関係。1本のひもを1箇所切れば、切られたあとのひもの数は2本。2箇所なら3本、3箇所なら4本。とすれば、1つの規則を確認できます。

つまり、「切られたあとのひもの本数＝切った箇所＋1」。

ひもがどんなに複雑にからんでいても、これを〝鉄板の法則〟と考えて、全体の切断箇所の数を数えると14なので、答えは、14＋1＝15本。できた！

と、喜ぶのは早すぎます。中学受験問題ですから、コトはそう簡単ではありません。

＊もう一歩踏み込んで考える

問題の図をあらためて見ると、切断箇所で糸が交差している箇所が2つあることに気づきます（図1のAとB）。このような場合、どう考えればいいのか？

図1

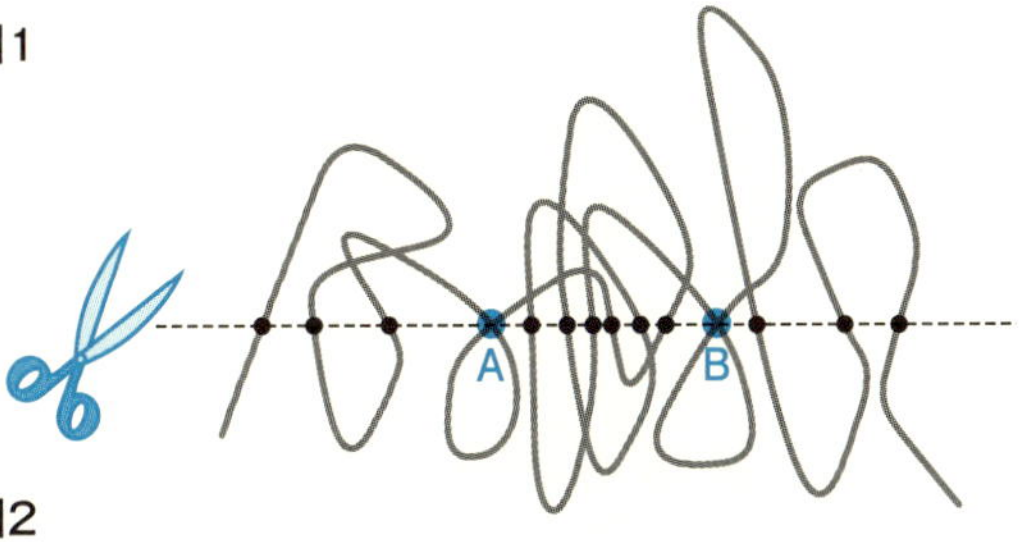

図2

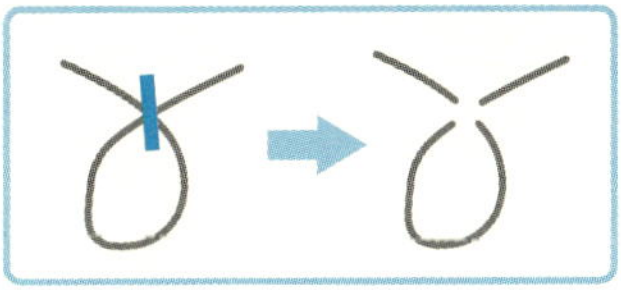

実際にひもを切って確かめるのが一番ですが、試験会場ではそうもいきません。頭の中でイメージを描くしかありません。

　たとえば、Aの箇所で切ったとすれば、図2のように、ひもは3つに分かれるはずです。これは、同時に2回切っていることになるので、2＋1＝3というわけです。すると、切断箇所14箇所のうち2箇所は2回切っていることになる。

　つまり、全体として実質的には16箇所切っていることになります。答えは、16＋1＝17本ということになるのです。

　法則を貫くには、もう一歩踏み込んで見極める厳密さが大切。忘れないようにしましょう。

6章

「頭の回転を速くする」コツ、教えます！

39 ドキドキ！あなたの「論理力」が問われる問題

最後の章のテーマは、「論理力」。筋道を立てて考える力です。

前に「考え方の基準軸」をもつことの大切さをお伝えしました。

問題を解くときのコツは、算数の一般的な公式・定理をあてはめるだけではありません。その問題固有の条件を踏まえた、考え方の方針をもつことです。

それが、考え方の基準軸。

答えはこれしかない、と言い切るために欠かせません。考え方の基準軸がないと、場当たり的な対処となり、漏れ・ダブリが生じてしまうからです。

では、次の「論理力」が問われる問題にトライしてみましょう。

どのような考え方の基準軸をもつか――。漏れ・ダブリのない答えにたどり着けるかどうかの分かれ目になります。

ぴったり100を目指そう

下のように、数字の書かれたカードがあります。足して100になる数字の組み合わせをすべて書き出してください。

答え

❶	50	25	25			
❷	50	25	20	5		
❸	50	25	15	10		
❹	50	20	15	10	5	
❺	25	25	20	15	10	5

＊より大きい数字に着目

カードの並べ方をいろいろ試せば、いくつかの答えにたどり着きます。

しかし、「答えはこれしかない」と言い切るには、どうすればよいか。コツは「考え方の基準軸」をもつことです。

カードには、5から50までの6種類があります。このように数字に大小がある場合は、より大きい数字を優先して組み合わせを考える。これが、この問題での「考え方の基準軸」です。

まず、1番目に50をもってきたら、2番目には25を置く。25は2つあるので、次の組み合わせが成立します。

①　50＋25＋25

1番目に50、2番目に25がくる組み合わせとしては、ほかに次の2つがあります。

② 50＋25＋20＋5　③ 50＋25＋15＋10

2番目に20がくる組み合わせは、次の1つです。

④ 50＋20＋15＋10＋5

これで、1番目に50を置いた組み合わせはすべて洗い出したことになります。

＊念のための検証を忘れずに

次に、50の次に大きい数字、25を1番目に置いた場合の組み合わせを考えます。

2番目にもう1つの25を置くと、それ以外の数字も含めた組み合わせは、次の1種類しかありません。

⑤ 25＋25＋20＋15＋10＋5

ちなみに、2番目に20を置いた場合は、残りのカードをすべて使っても、25＋20＋15＋10＋5＝75と条件を満たせません。

考えられる場合を漏れなくダブリなく検証していくためには、このように考え方の基準軸をしっかりもつことが大切です。

40 簡単で奥が深い！「算数の名問題」を堪能！

次の問題は、一見簡単そうに見えます。ただ、「考え方の基準軸」をしっかりもたないと、漏れ・ダブリの検証に時間がかかってしまいます。

考え方の基準軸をもつことは、仕事の場面でも大切になります。しかし現実は、けっこう詰めが甘い人っていますよね。

「ほかに方法はない？」と聞いたときに、一瞬の間があって、「たぶん、ないと思います」。そこで、「こんなことも考えられるんじゃないの？」と突っ込みを入れると、「あ、そうですね」と、いかにも他人事のような返事……。

こんなタイプの人は、「思いつかなかった」とアイデアの問題にしてしまいがちです。しかし、それは初めから、考え方の基準軸をもっていなかっただけの話。

論理の土台をつくる「考え方の基準軸」。しっかり頭に刻み込みましょう。

謎の正方形が5個も!?

正方形を5個つなげてできる形は、全部で12種類あります（回転させたり、ひっくり返してできる形は同じものとします）。例以外の10種類をつくってみましょう。

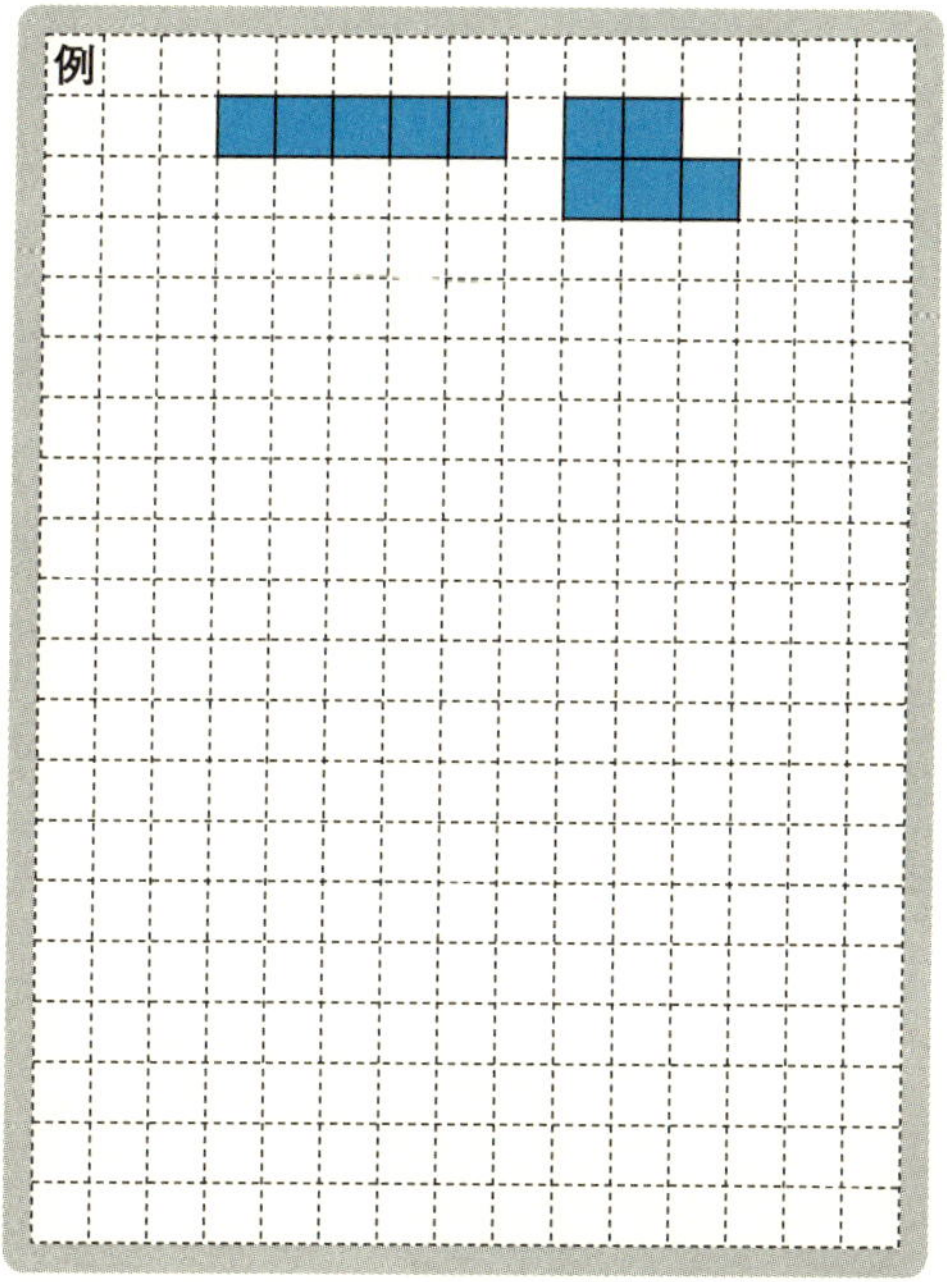

答え

＊「考え方の基準軸」を重ねるとラク

考え方の基準軸の1つとして、5個の正方形を並べたときの「最長部分」を基準に考えるやり方があります。

5つ並べるパターンはすでに問題の解答例にあります。次に考えるべきは、最長部分が4つの場合。それは、図の③と④のパターンしかありません。

次に、最長部分が3個の場合。問題の解答例にあるのはその1つです。ほかにも、さまざまなパターンがあります。そのパターンを考えるとき、最長部分以外の2個が連なっている場合（⑤・⑥）、最長部分を挟んで他の2個が配置される場合（⑦～⑩）、さらに、他の2個が同じ側で離れている場合（⑪）――と、考え方を細かく整理。答えを積み上げていきます。最長部分が3個のパターンは全部で7とおりです。

そして最後に、最長部分が2個というパターンが1つだけあります（⑫）。

これで、全部で10種類になります。

この問題は、小学校低学年でもこなせる問題です。しかし、考え方の基準軸をもとにした「答えはこれしかない」という詰めは、論理的な思考力がないとできません。

簡単なようで、けっこう奥の深い問題です。

41 「買い物が上手になる」算数とは？

たとえば、買い物で993円の支払いをするとします。財布の中に1円玉が3つあれば、1000円札に3円を添えて払う人は多いはず。財布から小銭を少しでも減らしたいと思うからです。ただ、1円玉が8枚あったときに、1008円で払う人は意外と少ないのではないでしょうか。

店員さんは一瞬戸惑います。レジを打って、「あ、小銭を減らしたかったのか」と気づきます。1008－993＝15円。8枚の1円玉が、10円玉と5円玉の2枚になるわけです。この支払い方、先の3円の支払いとは少しレベルが違います。

3円の支払いが、目に見える1円玉3枚の現物をそのまま出しているのに対して、8円の支払いは、おつりの15円が頭の中で計算されているわけです。

次の問題は、そんな日常の計算感覚が問われます。

頭のいい「お金の使い方」は？

コンビニで買い物をしたら、合計額が739円になりました。持っているお金は下の図のように、2414円です。

財布の中の小銭の枚数が少なくなるようにするには、お金をいくら出せばいいでしょうか？　そのときのおつりはいくらかも答えてください。

答え

1304円　おつりは565円

＊5円、50円、500円をもらう支払い方は？

金額に関係なく、小銭の数がもっとも少なくなるケースを論理的に詰めていかなければなりません。コツは、おつりとしてもらう5円、50円、500円で結果的に財布の中の小銭の数をいかに減らすかです。

まず、支払額の1の位は9円なので、おつりの小銭が1枚になるのは、

①手持ちの14円を使って、5円のおつりをもらう場合

②手持ちの10円を使って、1円のおつりをもらう場合

の2とおり。①が小銭を5枚使って、結果1枚になるのに対して、②は支払う前と後で小銭の枚数は変わりません。小銭を減らすためには、①の支払い方が正しいということになります。

次に10の位を考えると、支払額が30円なので、100円を使うしかありません。①の14円のうち10円は、この100円からまかなえるので、支払額を104円にすると、おつりは、

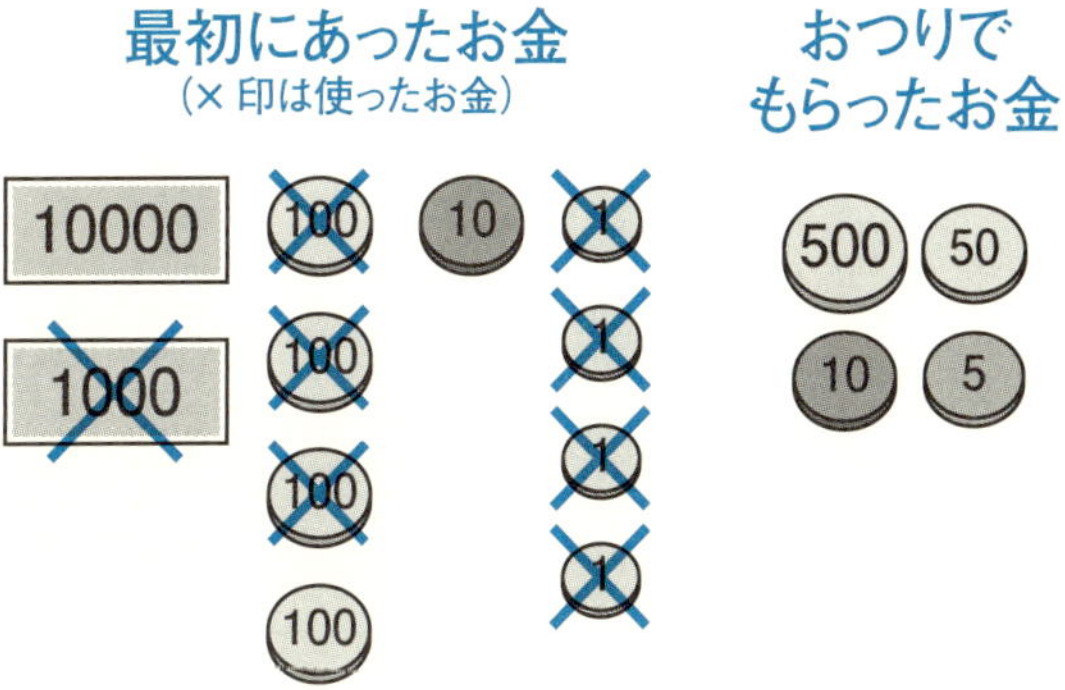

１０４－39＝65円、つまり、50円１枚、10円１枚、５円１枚の計３枚になります。

＊**日常生活で頭を鍛える方法**

最後に１００の位。

支払い額７００円に対して１２００円出せば、５００円１枚がおつりです。

つまり、39円の支払いに対する１０４円に、７００円の支払いに対する１２００円を足した１３０４円を出せばいい。おつりが１３０４－７３９＝５６５円。５００円、50円、10円、５円の各１枚ずつになります。

いかがでしたか？　今度買い物で支払うとき、どうすれば小銭を減らして財布を軽くできるか、試してみてください。

42 「どこから攻めるか」を考えると、頭の回転が速くなる！

論理力は、誰に言っても文句を言われない理屈の積み重ねです。

結論にたどり着くプロセスが、正しい論理で組み立てられたとき、人はその結論に納得します。

これは、算数の問題でも、日常の会話でも同じですね。

ただ、日常生活で使われる論理は、前提条件がおかしかったり、検証の仕方に漏れ・ダブリがあったりして、ワキの甘い論理になりがちです。

そんな甘さを払拭するには、「結論はこれしかない」と言い切れるだけの、緻《ち》密《みつ》な理屈の積み重ねを習慣化しなければなりません。

次の問題は、この理屈を1つひとつ積み重ねていく力が求められます。

あわてずに取り組んでみてください。

ABCボール事件

A、B、Cの3種類のボールがあります。そのボールの重さは、4g、7g、8gのどれかです。下の3つの天秤を見て、A〜Cがそれぞれ何gかを当ててください。

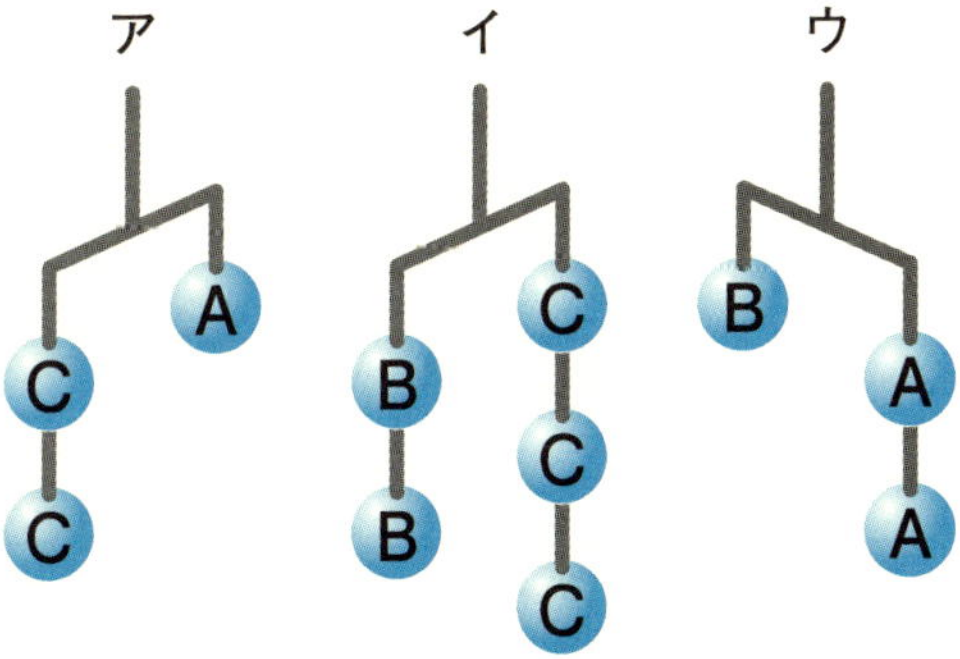

答え

A 7g B 8g C 4g

＊「不自然なもの」に目をつける

この問題では3つの天秤が示されています。

どれから攻めていくのがわかりやすいか——。

コツは、パッと見て不自然に感じるものに着目することです。

たとえば、イの天秤。3つのボールより、2つのボールのほうが重くなっています。全部同じ重さなら、当然、3つのほうが重くなるはずです。しかし、イの天秤はそうではない。1個あたりの重さでいえば、BがCより重いということですね。

こんなふうに、不自然なワケを考えると、理屈を積み重ねる際のポイントが見えてきます。あとは、4g、7g、8gという3種類を、天秤イのB、Cに当てはめ、場合分けをして検証していくことになります。

＊なんとなく当てはめてできてもダメ

では、場合分けをして考えてみましょう。

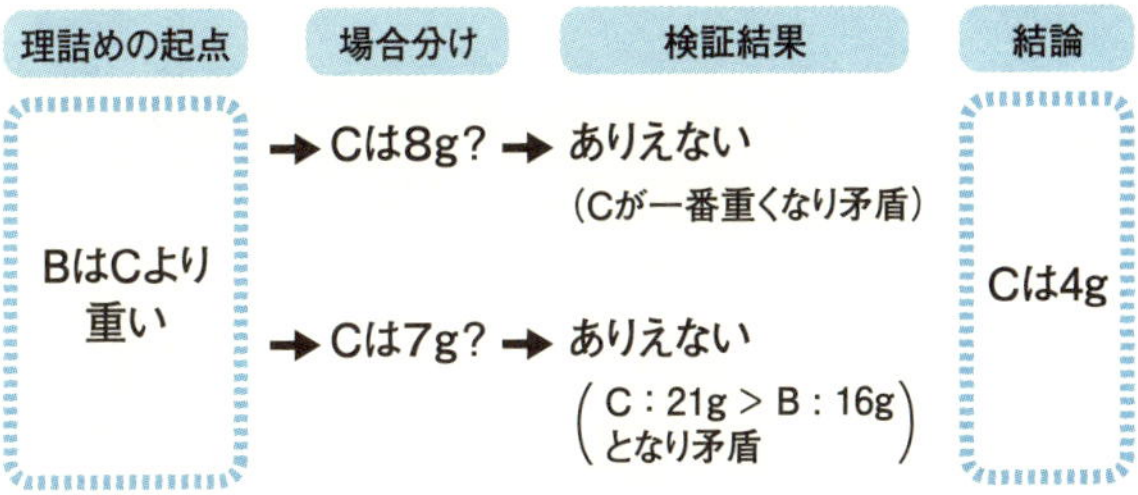

①「BがCより重い」のは、どういう場合が考えられるか。
Cが8gというのはありえません。
Cが7gだとしたら、3個で21g。しかし、Bに8gを
2個もってきても16gで、Bの側が下がらない。ゆえに、
Cは7gではありません。
Cに当てはまるのは4gしかありません。
②次に、Cがある天秤アに着目。
C2個の8gより1個で軽いのは、7gしかありません。
したがって、Aは7g。
③残りのBは必然的に8g。天秤ウにも当てはまります。
というわけで、答えは、
A＝7g　B＝8g　C＝4g。
このような問題は、なんとなく当てはめてできることが
あります。ただし、たまたま答えにたどり着いたとしても、
けっして論理力は鍛えられないのです。

43 「縁起をかつぐホテル」の部屋数は？

次の問題は、ホテルの部屋番号で「4」と「9」を避けるという、欠番を題材にした問題です。

算数のジャンルとしては、中学受験によく出る整数問題と言われるものです。

「整数」とは、0・1や0・01などのような小数点のつかない数。つまり、1、2、3、50、100といった、普段扱っている数です。

整数問題が苦手な人は、数字アレルギーがあるのかもしれません。

しかし、論理的な「仕分け」ができれば、ひるむことはありません。

まず、問題文の条件を理解すること。そうすると、論理的な仕分けのコツが見えてくるはずです。

では、早速トライしてみましょう。

「4」と「9」のトリック

ある大きなホテルの部屋番号は、1号室から1000号室まであります。このホテルは縁起をかついで、4と9のつく番号の部屋はないそうです。

部屋の数は全部でいくつあるのでしょうか?

答え

512部屋

＊**位ごとに対象となる数を出す**

頭がよくなる仕分けとしては、1〜1000号室の部屋を、①1ケタの部屋、②2ケタの部屋、③3ケタの部屋、④4ケタの部屋と、ケタ数でグループ分けする方法があります。さらに、グループごとに、1の位、10の位、100の位に分けて、それぞれの位について欠番でない数字の数を出し、それを掛け合わせて部屋数を出します。

①番号が1ケタのグループ

存在する部屋番号は、1の位のみの1〜3、5〜8の7部屋。

②番号が2ケタのグループ

1の位は、0〜3、5〜8の8部屋。10の位は、1〜3、5〜8の7部屋。よって、部屋の数は、8×7＝56。

③番号が3ケタのグループ

1の位は、0〜3、5〜8の8部屋。10の位は、0〜3、5〜8の8部屋。100の位は、1〜3、5〜8の7部屋。よって部屋の数は、8×8×7＝448。

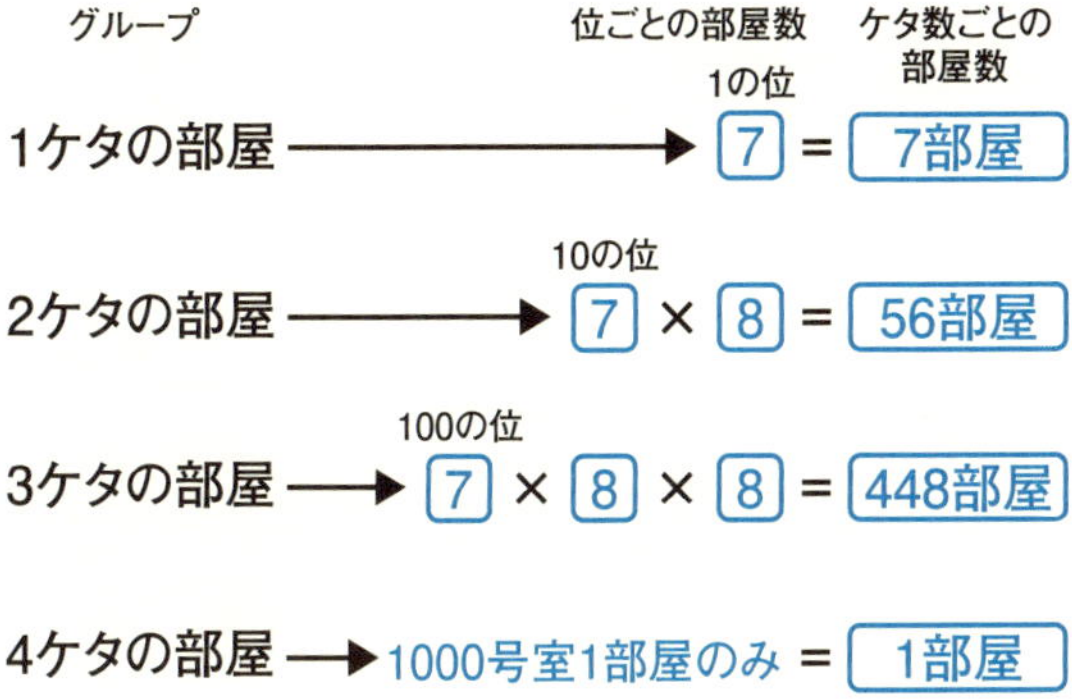

グループ		位ごとの部屋数	ケタ数ごとの部屋数
1ケタの部屋	→	1の位 [7]	= [7部屋]
2ケタの部屋	→	10の位 [7] × [8]	= [56部屋]
3ケタの部屋	→	100の位 [7] × [8] × [8]	= [448部屋]
4ケタの部屋	→	1000号室1部屋のみ	= [1部屋]

④番号が4ケタのグループは1000号室のみ。

以上から、合計は、

7＋56＋448＋1＝512

ということになります。

＊合理的に仕分ける

やってしまいがちなのは、1～100号室、101～200号室と、100室ごとの仕分けをし、そのうえで欠番を抽出して数えていくやり方。

これだと、検証すべきグループの数が多くなり、ややこしくなります。

論理的な仕分けによって、ムダな苦労をしなくてすみ、ミスの防止につながります。

44 意外！「答え」は図の中にある!?

算数問題を難しいと思ってしまう最大の理由は、〝食べず嫌い〟の意識。その意識が脳を思考停止状態にしてしまうからです。

仕事でも、経験したことのない課題を前にすると、拒否反応が出て先に進めない人がいます。

しかし、一歩踏み出してしまえば、思考停止状態にはならない。これまでの知識と経験を引っ張り出すことで、意外とうまくいくケースがあります。

これまでの知識・経験を生かすために必要なのが、与えられた条件を整理することです。整理がきちんとできれば、自《おの》ずと進むべき道も見えてきます。正しい判断が下せます。

そんなことを念頭に置きながら、次の問題にトライしてみてください。

「ハカリをハカル」問題

下の図のようにハカリを重ね、一番上にボールを乗せました。2つのハカリの数値はわかっています。

一番下のハカリの目盛りは何gを指すでしょうか?

小さいハカリはどれも同じ重さとします。

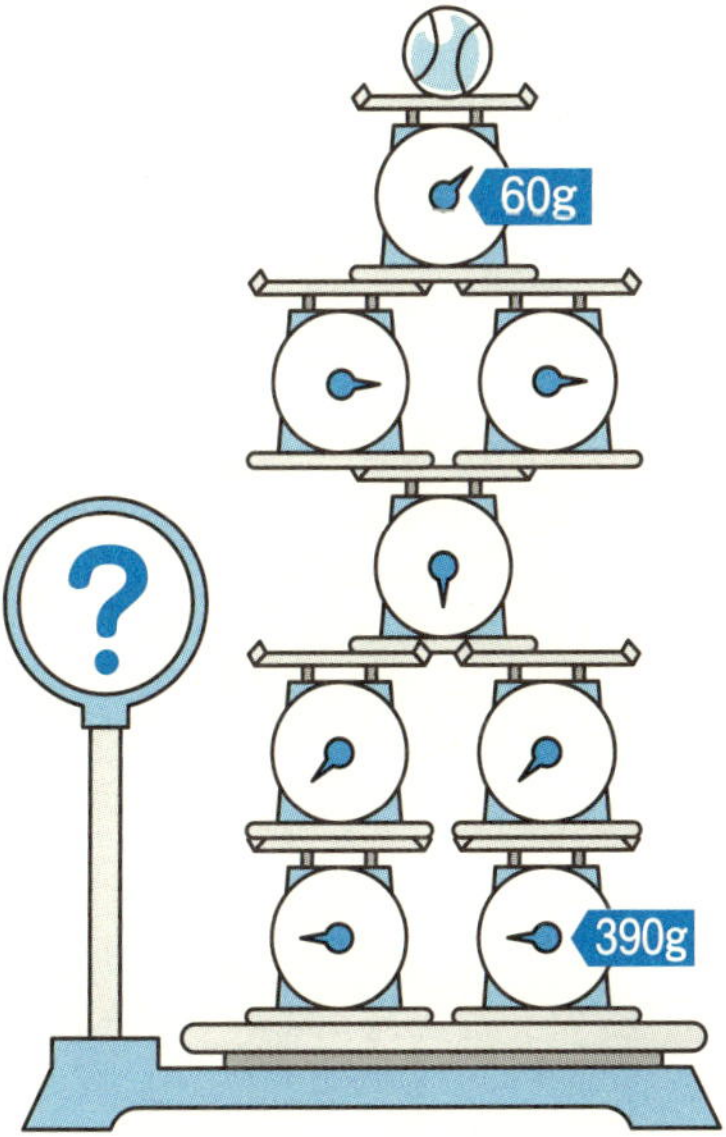

答え

1020g

＊「左右対称」に着目

与えられた条件を整理するために、まず図の読解力がポイントになります。

頭に入れておかなくてはいけないのは、ハカリ全体が左右対称に積み重ねられていること。それを念頭に、図から読み取れることをさらに整理していくと、次のようになります。

①ボールの重さは60g。

②ハカリは左右対称に重ねられている。小さなハカリの一番下の2つのハカリには、左右均等に重さがかかっている。ゆえに、左のハカリの目盛りは右と同じ390g。

③そして、もう1つ重要な点。一番下の小さなハカリが2つで780g（390＋390）ということは、1〜4段目全体の重さが780gということ。

これが読み解ければ、あとはスムーズに行きます。

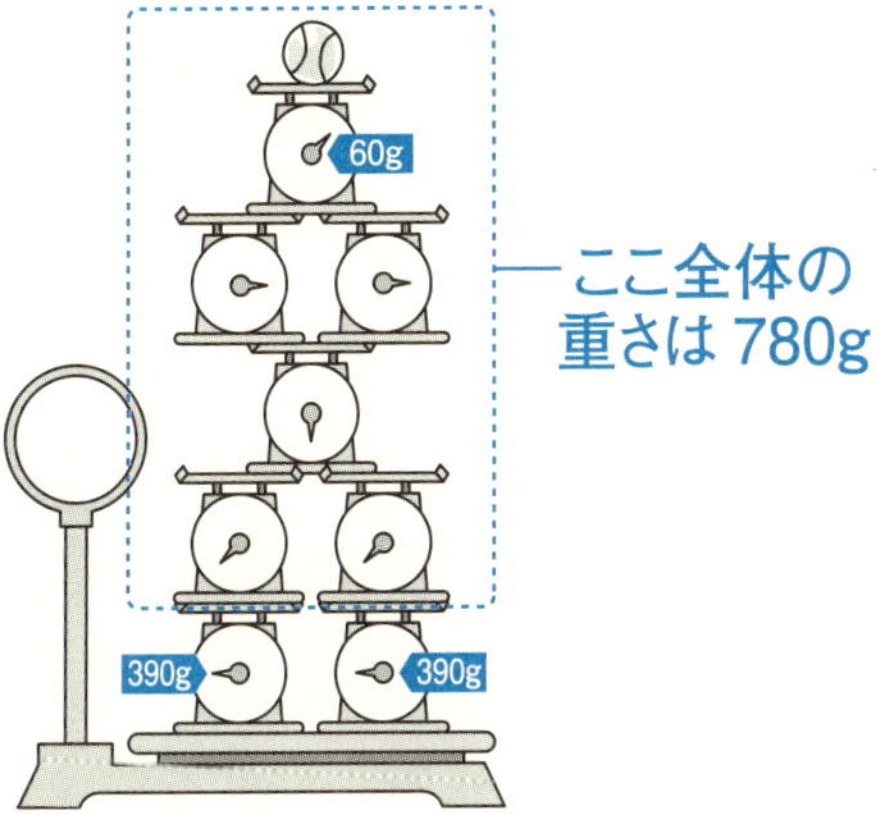

＊簡単な決まりごとを忘れないこと

1～4段目のハカリは全部で6つ。先の780gには、ボールの重さが含まれているので、1～4段目のハカリ1個当たりの重さは、

(780−60)÷6＝120g。

一番下の小さなハカリも、これと同じ重さです。

ゆえに、大きなハカリにかかる、ボールと小さなハカリ8つの重さは、

60＋(120×8)＝1020g、ということになります。

左右対称であれば、左右のハカリにかかる重さは均等。簡単なことですが、日常感覚としては意外と無頓着になりがちですね。

45 ドミノ倒し「この快感」はクセになる!

論理思考は、いきなり難解な思考プロセスに足を踏み入れるわけではありません。最初は小さな思考ステップから始め、それを土台にして、もうちょっと高いレベルの思考ステップに入る。それを繰り返していくと、徐々に思考エンジンの回転数が高まってきます。

思考ステップを積み上げていくと、ある段階からパッと目の前に視界が開けてきます。そのときは、なんともいえない快感に包まれます。頭の中にドーパミンがあふれるような感覚です。

次の問題は、そんな視界が開けてくるときの快感を味わえる問題です。

コツは、これまでに体得した「わかりやすいところから攻める」です。

それができると自然に思考エンジンが回り始めます。

コインの種類は？

5円、10円、50円のコインを4×4のマス目に並べていきます。タテ、ヨコの合計を出したら下の図のようになりました。16個のマス目にコインが1個ずつ入ります。

マス目に入るコインの種類を書きこみましょう。

	ア	イ	ウ	エ	ヨコの合計
A					35
B					20
C					70
D					120
タテの合計	35	25	115	70	

答え

	ア	イ	ウ	エ	ヨコの合計
A	10	5	10	10	35
B	5	5	5	5	20
C	10	5	50	5	70
D	10	10	50	50	120
タテの合計	35	25	115	70	

＊小さい数字、大きい数字に着目

使うコインは、5円、10円、50円の3つ。額の小さい5円は合計額の小さい欄で、大きい50円は合計額が大きい欄で使いやすい。コツは、合計欄の数が小さいところと、大きいところから攻めることです。

①まず小さいところ。B列の合計20は「5・5・5・5」の組み合わせしかない。

②次に大きいところ。合計115のウ列には、①ですでにBウに5が入っているので、残り3つのマスの合計は、115－5＝110。110は、50を2つ使わないとつくれないので、残りの1マスは10。Aウには、A列の合計が35であることから、50は入らないので、Aウは10。Cウ、

Ｄウが50ということになる。思考エンジンが回りはじめてきましたね。

＊終わってみれば、ドミノ倒しの快感

③次に、合計額が一番大きいＤ列。１２０も50が２つないとつくれない。②でＤウの50は確定。Ｄア、Ｄイには、ア列、イ列の合計額が35、25であることから50は入れられない。ゆえに、Ｄエが50。Ｄア、Ｄイがそれぞれ10になる。

④次に、合計額が２番目に小さい25のイ列。すでに、Ｂイの５、Ｄイの10が確定。ゆえに、Ａイ、Ｃイはそれぞれ５になる。

⑤合計額35のＡ列は、すでにＡイの５、Ａウの10が確定。ゆえに、Ａア、Ａエは10。

⑥合計額35のア列は、Ａアの10、Ｂアの５、Ｄアの10が確定。ゆえにＣアは10。

⑦合計額70のエ列は、Ａエの10、Ｂエの５、Ｄエの50が確定しているので、Ｃエに入るのは５しかない。

これで、すべて確定です。

わかりやすいところをパタッと倒すと、あとはパタパタパタッ！　まさにドミノ倒しの快感ですね。

46 たとえば「15回シュートすると、何回、失敗する?」

ビジネスの現場では、考え方のスジを相手にわかりやすく示さなくてはいけない場面が多々あります。部下にプランを練るよう指示するとき――。上司に社内的な課題の改善提案をするとき――。取引先に新規提案の必要性を説くとき――。自分がどう考えるのか、相手が納得するよう、論理的に説明していかなくてはなりません。

スジが通っているというだけでなく、相手の理解能力に合わせた説明が必要になってきます。

算数の問題には、証明問題など、いわゆる「説明課題」と言われるものがあります。次の問題は、問われているのは答えの結果ですが、解答プロセスを誰かに説明することを念頭に置きながら取り組んでみてください。

説明責任をきちんと果たせるか。大人の頭の使い方の大事なテーマです。

なぞなぞバスケット

バスケットボールゲームをしています。1回ゴールを入れると4点もらえ、外れると2点引かれます。Aさんは15回シュートして、24点でした。

シュートは何回入ったでしょう?

答え

9回

＊「場当たり戦法」では頭はよくならない

この問題でやりがちなのは、合計15個の○と×を適当に並べてみて、計算結果が合わなかったら、○×の数を変えてやり直す……そんな〝場当たり戦法〟。たとえ正解が見つかったとしても、NGですね。

全体の結果はわかっていても内訳がわからない。内訳の2つの条件のうちの一方がすべてに当てはまった場合を考えるのがコツです。突破口が見えてきます。

たとえば、ボールが「全部入った」とすると、その場合の点数は、4×15＝60点。本来の結果24点と36点の差があります。この「差」はいったい何を意味するのか？言うまでもなく、いくつかシュートを外したことで生じた結果ですね。

では、1回シュートを外すと点数にどんな違いが出てくるのでしょうか？

＊ちゃんと説明できるコツ

シュートが1回入れば4点。外れればマイナス2点。つまり、外すことによって、

おまけ 鶴亀算の例

ツルとカメが合計10いて、足の本数が合計28です。ツルは何羽、カメは何匹でしょう？

- 全部カメだとしたら、足の数は、4×10＝40
- 実際の数28との差は、40－28＝12。
- カメが1匹減って、ツルが1羽増えたときに生じる「差」は、4－2＝2。
- その「差」が生じる回数は、12÷2＝6回。
- つまり、ツルとカメの合計10から、カメの数を6回減らした数が、本来のカメの数となる（10－6＝4）。ツルの数は、10－4＝6。

⇒（答え）ツルは6羽、カメは4匹。

入ればもらえたはずの4点に加え、2点マイナスされる。つまり、6点の差がそのつど生じてしまう。その積み重ねが、先の「36点の差」の正体です。

ということは、何回外したことになるのか？　36点を、1回で生じる差6点で割ればいいですね。

つまり、36÷6＝6回。

15回のうち6回外したのだから、入ったのは、15－6＝9回ということになります。

この解答の仕方、じつは、日本で昔から伝えられる和算「鶴亀算」のやり方です。

こんな鶴亀算の問題、一度身近な人に出題してみて、あなたの説明力を試してみませんか？

47 素晴らしい「小数の世界」を知ろう

「なんとなくできちゃった」はマズイ。ただ、次の問題は、その「なんとなく」がまったく通用しない問題です。

問題文は、いたってシンプル。しかし、「小数2013位」という数値を目にするや、たじろいでしまうと思います。

とはいえ、最後から2番目の問題です。

論理的に解くために、まずは、これまで身につけてきた経験則を思い出しましょう。

とにかく手を動かす試行錯誤力。これ、とても大事です。法則を見極める。これも、左の問題に向かっていくときに欠かせません。

ヒントを2つ出しました。

さて、あなたの経験値、どこまで通用するでしょうか？

小数点以下第2013位って？

1÷7の割り算をします。すると、1÷7＝0.1428……となります。小数点以下第1位の数字は1、第2位の数字は4です。

では、小数点以下第2013位の数字はなんでしょうか？

答え

2

＊手を動かして、法則を見極める

まず、これまでの経験則その1「とにかく手を動かす」。といえば、やることは1つ、「1÷7」の筆算をしてみることです。もちろん、2013位まで計算するわけではありません。説明のために、図1のように筆算の結果を出しましたが、割り算をしたのは全部で7回。じつはこれで十分なのです。なぜでしょうか？

ここで、経験則その2「法則を見極める」です。小数第7位で小数第1位と同じ1が出てきたので、これ以上やっても同じことの繰り返し。つまり、「1÷7」は「142857」の6ケタを繰り返す循環小数なのです。

この法則を踏まえれば、「2013位の数字」がぐっと近づいてきます。

＊6回我慢して計算すればいいだけ

循環小数は6ケタの数字の繰り返しなので、今度は2013を6で割ってみます。答えは、図2のように、335余り3。この余りは、何を意味するのか？

図1

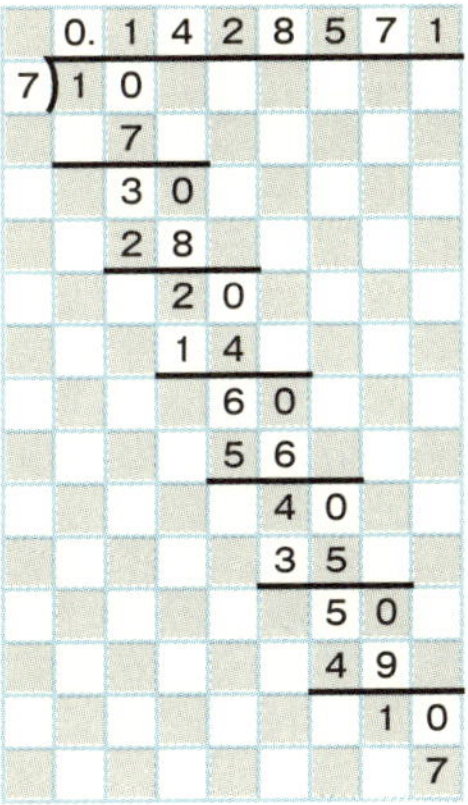

図2

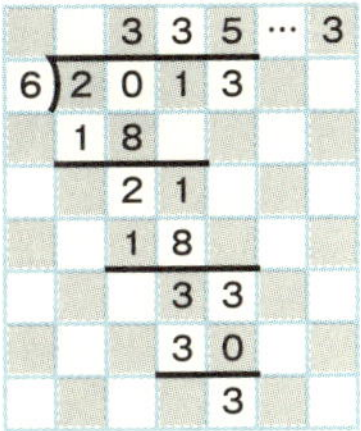

ここでもう一度、図2の筆算の答えを見てください。小数第1位から第6位までの6つの数字が335回繰り返されて、3余ったのが、「2013÷6」の結果です。

つまり、3余った分を循環小数の左から数えると、3番目の2が小数第2013位ということがわかります。

もともと、どんな数字を7で割っても、循環するケタ数は最大でも6ケタ。

つまり、割り算を6回我慢してやればいいのです。

こんな数の法則をわかっていれば、問題を見てため息をつくことはありません。とにかく手を動かせば、「発見」がある。忘れずにいたいですね。

48 「4：5：6の整数比」のすごいパワー

私たちの生活の中では、数の不思議な法則を垣間見ることがあります。

たとえば、和音は、音の周波数が簡単な比率になるときほど、きれいな和音になることが知られています。ちなみに、ド・ミ・ソの和音が完全に調和するときの周波数比は4：5：6です。

次の問題で題材になっているカレンダー。

月曜から日曜までの七曜を基準にした、数の法則の世界があります。

誰もが知っている法則を、問題で問われていることに対して、どう論理的に処理していくか。

それができれば、きれいな和音のような解法をラクにものにできるはずです。

ラクに解くコツ、ぜひつかんでください。

13日の金曜日に何が起こる!?

2013年9月13日は金曜日です。次に9月13日が金曜日になるのは、西暦何年でしょう?

ちなみに、2016年はうるう年です。

答え

2019年

＊「7日間のユニット」で考えるのが出発点

まず頭に置くべきは、七曜の法則。言うまでもなく、暦は月曜から日曜までの7日間のユニットの繰り返しです。「7日間」が、2013年の9月13日の翌日から1年後の9月13日の間に何回繰り返されるかを考えると、365÷7＝52余り1。

この「余り1」は、曜日が1日分ズレることを意味します。

2014年の9月13日が何曜日なのかを考える場合、計算の起点は2013年の9月14日、つまり土曜日がスタートになります。

そこから土曜～金曜の7日間のユニットが繰り返され、最後の52個目のユニットのあとにプラス1日されたところが365日目。曜日が1つズレますから、2014年の9月13日は土曜日となります。これが、「365÷7＝52余り1」の意味です。

と同時に、この検証によって、「曜日は1年で1日ズレる」という新たな法則を見つけたことになります。この法則を踏まえれば、1年で1日多いうるう年は、曜日が2日ズレるということを簡単に理解できます。

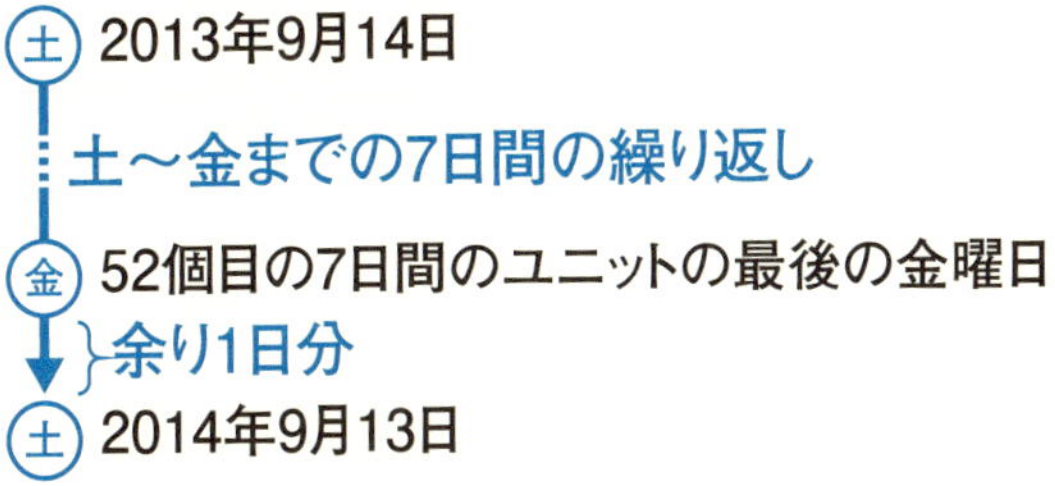

＊法則の骨格を見極める

以上のことを踏まえると、年ごとの曜日のズレを加算して、ズレが合計で7日間になった年が、次の「13日の金曜日」ということになります。さっそく、そのズレを年を追いながら加算していきましょう。

・14年9月13日は……1日ズレる
・15年9月13日は……さらに1日ズレて計2日ズレる
・16年9月13日は……うるう年で2日ズレて計4日ズレる
・17年9月13日は……さらに1日ズレて計5日ズレる
・18年9月13日は……さらに1日ズレて計6日ズレる
・19年9月13日は……さらに1日ズレて計7日ズレる

つまり、答えは2019年ということになります。

法則の骨格をしっかり見極めれば大丈夫。

多少の例外（ここではうるう年）があったとしても、コツをつかめば、ラクに解くことができます。

参考文献

『考える力がつく算数脳パズルなぞペー① 5歳～小学3年』
高濱正伸著(草思社)

『考える力がつく算数脳パズル鉄腕なぞペー 小学4年～6年生』
高濱正伸著(草思社)

『考える力がつく算数脳パズル整数なぞペー 小学4～6年編』
高濱正伸・川島慶著(草思社)

『考える力がつく算数脳パズル空間なぞペー 小学1年～6年』
高濱正伸・平須賀信洋著(草思社)

『これが解けたら気持ちいい! 大人の算数脳パズルなぞペー』
高濱正伸・川島慶著(草思社)

『小3までに育てたい算数脳』
高濱正伸著(健康ジャーナル社)

『小4から育てられる算数脳plus』
高濱正伸著(健康ジャーナル社)

本書は、本文庫のために書き下ろされたものです。

高濱正伸（たかはま・まさのぶ）

一九五九年、熊本県生まれ。東京大学卒業。同大学院修士課程修了。一九九三年、「数理的思考力」「国語力」「野外体験」を重視した学習教室「花まる学習会」を設立。テレビ「情熱大陸」「カンブリア宮殿」「ソロモン流」など、多数のメディアで紹介されるカリスマ塾講師。各地で行なっている講演会は、毎回キャンセル待ちが出るほどの人気を博している。また、算数オリンピック委員会理事・問題作成委員も務める。

著書に、『伸び続ける子が育つお母さんの習慣』（青春出版社）、『算数脳トレーニング』（朝日新聞出版）、「なぞぺー」シリーズ（草思社）など多数。

http://www.hanamarugroup.jp/

知的生きかた文庫

読《よ》むだけで
突然《とつぜん》頭《あたま》がよくなる算数《さんすう》の本《ほん》

著　者　高濱正伸《たかはままさのぶ》
発行者　押鐘太陽
発行所　株式会社三笠書房
〒一〇二―〇〇七二　東京都千代田区飯田橋三―三―一
電話〇三―五二二六―五七三四〈営業部〉
〇三―五二二六―五七三一〈編集部〉
http://www.mikasashobo.co.jp
印刷　誠宏印刷
製本　若林製本工場

ISBN978-4-8379-8212-8 C0141

「知的生きかた文庫」の刊行にあたって

「人生、いかに生きるか」は、われわれにとって永遠の命題である。自分を大切にし、人間らしく生きよう、生きがいのある一生をおくろうとする者が、必ず心をくだく問題である。

小社はこれまで、古今東西の人生哲学の名著を数多く発掘、出版し、幸いにして好評を博してきた。創立以来五十余年の星霜を重ねることができたのも、一に読者の私どもへの厚い支援のたまものである。

このような無量の声援に対し、いよいよ出版人としての責務と使命を痛感し、さらに多くの読者の要望と期待にこたえられるよう、ここに「知的生きかた文庫」の発刊を決意するに至った。

わが国は自由主義国第二位の大国となり、経済の繁栄を謳歌する一方で、生活・文化は安易に流れる風潮にある。いま、個人の生きかた、生きかたの質が鋭く問われ、また真の生涯教育が大きく叫ばれるゆえんである。そしてまさに、良識ある読者に励まされて生まれた「知的生きかた文庫」こそ、この時代の要求を全うできるものと自負する。

本文庫は、読者の教養・知的成長に資するとともに、ビジネスや日常生活の現場で自己実現できるよう、手助けするものである。そして、そのためのゆたかな情報と資料を提供し、読者とともに考え、現在から未来を生きる勇気・自信を培おうとするものである。また、日々の暮らしに添える一服の清涼剤として、読書本来の楽しみを充分に味わっていただけるものも用意した。

良心的な企画・編集を第一に、本文庫を読者とともにあたたかく、また厳しく育ててゆきたいと思う。そして、これからを真剣に生きる人々の心の殿堂として発展、大成することを期したい。

一九八四年十月一日

押鐘冨士雄

知的生きかた文庫

世界No.1カリスマコーチが教える

一瞬で自分を変える法

アンソニー・ロビンズ【著】／本田 健【訳・解説】

人は、一つのキッカケで“まるで別人”のように成長する。
私は、いまでもこの本に学び続けている……本田 健

★「一瞬にして劇的に」自分が進化する！
★あなたを大物にする「不思議な力」
★「勝利の方程式」のマスター法
★「新機軸を打ち出す」のが上手い人

ミリオネア・マインド 大金持ちになれる人

ハーブ・エッカー【著】／本田 健【訳・解説】

お金持ちになれる人となれない人、その違いはどこにあるのか？

お金に関する「原理」を解明したベストセラー。年収、資産状況、運命さえもあなたの心の中にある「お金の設計図」がすべて決めていた！ これまでに50万人以上が参加した伝説のセミナーを、この一冊にギュッと凝縮。

スマイルズの世界的名著

自助論

S.スマイルズ【著】／竹内 均【訳】

今日一日の確かな成長のための最高峰の「自己実現のセオリー」！

「天は自ら助くる者を助く」――。刊行以来今日に至るまで、世界数十カ国の人々の向上意欲をかきたて、希望の光明を与え続けてきた名著中の名著！ 自分を高め、人生をもっと豊かにするには。

C30068

C50184